DES PRÉPARATIONS

MICROSCOPIQUES

TIRÉES DU RÈGNE VÉGÉTAL

ET DES

DIFFÉRENTS PROCÉDÉS A EMPLOYER

POUR EN ASSURER LA CONSERVATION

PAR

JOHANNES GRÖNLAND, MAXIME CORNU

ET

GABRIEL RIVET

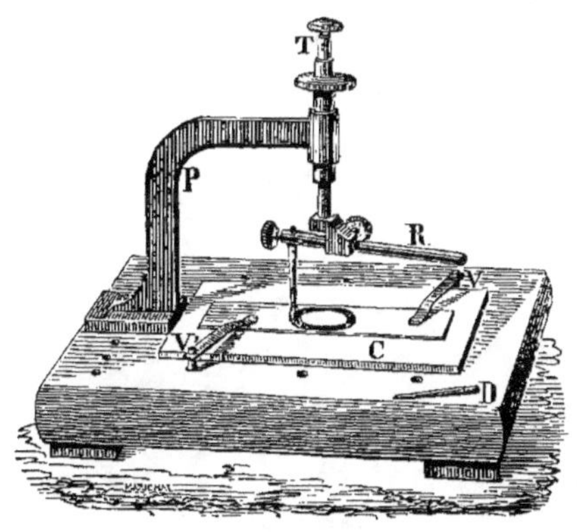

PARIS

F. SAVY, ÉDITEUR

LIBRAIRE DE LA SOCIÉTÉ BOTANIQUE DE FRANCE

24, RUE HAUTEFEUILLE, 24

1872

INTRODUCTION

Beaucoup de micrographes se bornent, pour conserver la trace de leurs observations, à dessiner les objets intéressants qu'ils rencontrent dans le champ de leur microscope. De tels dessins, faciles à reproduire par la voie de la gravure, de la lithographie ou de la typographie, sont ordinairement publiés par les auteurs à l'appui de leurs travaux et contribuent puissamment à la diffusion des sciences naturelles. Ils ont l'avantage de donner, ce qui est fort utile dans certains cas, non la représentation matérielle de l'objet observé, à un instant donné, mais l'interprétation adoptée par l'auteur à la suite de nombreuses observations faites dans des conditions variées ; mais ils ne sauraient, on doit le reconnaître, tenir complétement lieu des *préparations* mêmes d'après lesquelles ils ont été faits. Aussi a-t-on cherché depuis longtemps à conserver ces préparations sans altération, de manière à pouvoir les réunir en collections d'une durée indéfinie.

Les recherches faites dans cette direction ont amené la découverte de procédés de préparation et de conservation, dont les uns ont été décrits dans les ouvrages publiés sur le microscope et sur son emploi, et dont les autres sont malheureusement demeurés secrets.

En ce qui concerne les préparations végétales, dont nous nous sommes exclusivement occupés, nous avons reconnu, en employant les procédés indiqués par différents auteurs, que chacun de ces procédés ne donnait de bons résultats que dans certains cas déterminés, et qu'on avait négligé, en général, de préciser suffisamment ces cas spéciaux. Après de nombreux mécomptes et des recherches multipliées, nous sommes arrivés à adopter, pour notre usage, un certain nombre de procédés et de formules, qui diffèrent plus ou moins de tout ce qui a été publié jusqu'à présent à ce sujet, et qui nous permettent de faire presque à coup sûr, pour tous les tissus et tous les organes des végétaux, des préparations dont la conservation nous paraît assurée pour de longues années. Nous avons pensé qu'il pourrait être utile de faire part aux botanistes de l'expérience que nous avons acquise, et nous allons, dans ce but, décrire successivement les instruments, les substances conservatrices et les procédés de préparation qui nous ont réussi[1]. Nous entrerons à ce

[1] Notre manuscrit était terminé au milieu de l'année 1870. Les événements nous ont obligés à en ajourner la publication.

sujet dans des détails qui pourront paraître un peu minutieux, mais qui nous ont semblé nécessaires pour donner à notre publication une utilité vraiment pratique.

Un premier mode de préparation des objets repose sur l'emploi du baume du Canada à chaud ; il n'est applicable qu'à un nombre de substances assez restreint, sèches et non altérables par la chaleur. Un autre mode, applicable seulement à des objets extrêmement ténus et inaltérables, tels que les valves siliceuses des diatomées, consiste à placer simplement ces objets à sec, entre deux verres. Enfin le mode le plus général et le plus facile à mettre en pratique, et qui permet de suppléer à tous les autres employés soit en botanique, soit en zoologie, repose sur l'emploi d'un liquide conservateur, dans lequel est plongé l'objet à conserver, entre deux lames de verre. Voici sommairement en quoi il consiste : on trace sur une lame de verre, nommée *slide*[1] un cercle de vernis, qu'on nomme *cellule;* quand le vernis est suffisamment solidifié, on y dépose l'objet à conserver, au milieu d'un liquide choisi à cet effet ; on le recouvre, en ayant soin d'expulser l'air, d'un verre mince (ou *cover*[2]) circulaire, d'un diamètre un peu inférieur au diamètre externe du cercle de vernis. Par une pression ménagée l'excès d'eau s'échappe, le verre mince adhère au vernis, et l'objet se trouve ainsi retenu et enfermé entre deux lames de verre, au sein d'une mince couche de liquide.

[1] Prononcez *slaïde.*
[2] Prononcez *coveur.*

Tel est le principe de ces préparations ; nous y reviendrons plus loin, en fournissant tous les détails nécessaires pour leur bonne confection.

Nous allons successivement parler des différentes substances employées dans la confection des préparations, des diverses opérations qu'elle nécessite et des instruments qui servent à exécuter ces opérations.

Voici l'ordre dans lequel ces matières seront traitées :

Chapitre Ier. Des instruments employés pour la confection des préparations.

— II. Des verres employés pour les préparations.

— III. Des cellules.

— IV. Confection des préparations.

— V. Liquides conservateurs, avec l'indication des objets qu'ils peuvent conserver.

DES PRÉPARATIONS MICROSCOPIQUES TIRÉES DU RÈGNE VÉGÉTAL

CHAPITRE PREMIER

DES INSTRUMENTS EMPLOYÉS POUR LA CONFECTION DES PRÉPARATIONS

I

TOURNETTES

La tournette est un instrument tout à fait indispensable à qui veut faire des préparations à la fois régulières, solides et élégantes, et dont la réussite soit certaine.

La tournette sert : 1° à découper les *covers*, à l'aide d'une pointe de diamant ; 2° à appliquer au pinceau, sur les lames de verre ou *slides*, des cercles en matière plastique (bitume, vernis noir, etc., etc.), désignés sous le nom de *cellules*, et qui circonscrivent l'espace dans lequel seront placés l'objet à préparer et le liquide destiné à en assurer la conservation ; 5° à mastiquer le couvercle en verre mince ou *cover*, lorsqu'il a été placé sur la préparation, et à clore la cellule d'une manière définitive.

Les tournettes que l'on trouve dans le commerce peuvent se diviser en deux catégories :

1° Les tournettes munies d'un *support* pour fixer le pinceau ou le diamant.

2° Les tournettes dépourvues de *support*.

La première catégorie comprend :

    La tournette des vitriers ;

    La tournette de M. Hartnack ;

    La tournette de M. Cornu.

La deuxième catégorie comprend :

    La tournette anglaise inventée par M. Hett ;

    Et les diverses autres tournettes simples, construites
        d'après le même principe.

Les tournettes de la première catégorie peuvent servir au découpage des *covers* et au tracé des cellules ; celles de la seconde catégorie ne sont employées que pour le tracé des cellules, et elles ne sauraient, sans de grandes difficultés, se prêter au découpage des *covers*.

Tournette des vitriers. — La tournette des vitriers se vend chez les mécaniciens et chez les monteurs de diamants. Elle est principalement destinée aux vitriers et aux opticiens, qui l'emploient pour découper le verre en rondelles ou en ellipses ; elle est également en usage dans les ateliers des cartonniers et des encadreurs, qui s'en servent pour donner une forme ronde ou ovale à différents objets.

Cette tournette consiste essentiellement en un large plateau circulaire de bois, susceptible de prendre, sous l'impulsion de la main, un mouvement de rotation circulaire ou elliptique. Ce plateau reçoit les objets sur lesquels on se propose de tracer des cercles ou des

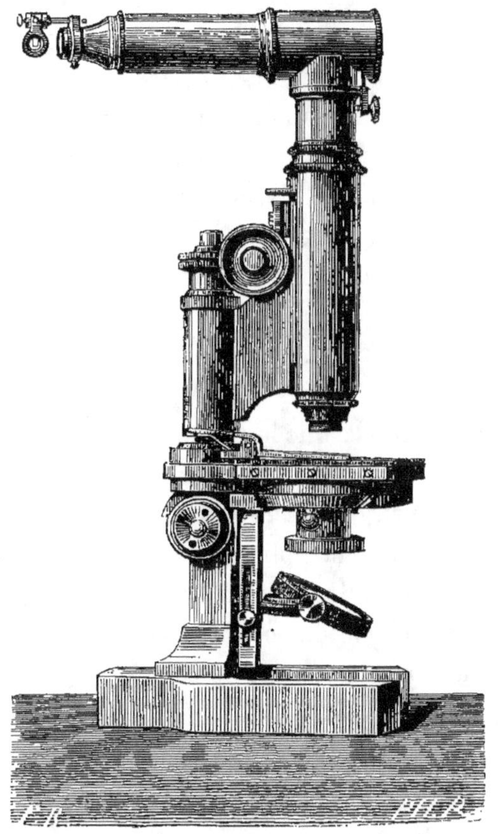

Fig. 1. — Microscope grand modèle (n° 2), de M. Vérick, avec platine à rotation et chambre claire.

ellipses. Au-dessus de lui est disposé le *support*, consistant en une traverse à laquelle on fixe l'outil destiné à produire le tracé ; cet outil est, suivant les cas, un diamant (un très-petit éclat de diamant, quand il s'agit de couper le verre mince pour *covers*), un pinceau, une pointe ou lame d'acier, etc. Le cercle tracé est plus ou moins étendu, suivant le point de la traverse où l'on fixe l'outil.

De pareilles tournettes coûtent assez cher (une cinquantaine de francs[1]). Elles sont excellentes pour la confection des préparations microscopiques ; elles sont même indispensables quand ou veut tracer des cellules elliptiques. Toutefois, nous conseillons aux naturalistes qui ne veulent pas se livrer à une véritable fabrication en grand, de leur préférer l'une des trois tournettes ci-après décrites, qui sont moins chères, plus maniables, et qui, sauf en ce qui concerne les tracés elliptiques, peuvent rendre à peu près les mêmes services.

Nous ajouterons que la tournette des vitriers s'emploie de la même manière que la tournette de M. Hartnack. Les explications détaillées qui seront données aux chapitres 2 et 3, au sujet de cette dernière, peuvent donc être considérées comme s'appliquant également à la tournette des vitriers. Il faudra seulement avoir soin, si l'on fait usage de celle-ci, de disposer au centre du plateau deux valets, pour fixer les *slides*.

Tournette de M. Hartnack[2]. — Cette tournette est construite sur le même plan que la tournette des vitriers ; mais elle est de plus petite dimension et par conséquent plus commode pour l'exécution des préparations microscopiques, en vue desquelles elle est spécialement disposée. Elle est d'ailleurs exécutée par le constructeur avec beaucoup de soin et fonctionne avec une précision parfaite.

---

[1] Chez M. Champs, mécanicien, rue de Bondy, 80.
[2] Place Dauphine, 21, à Paris. — Prix : 25 fr.

Tournette de M. Max. Cornu[1]. — Dans les tournettes précédemment décrites, la lame de verre à découper ou à recouvrir d'une cellule est fixée sur un plateau qui tourne, pendant que l'outil (diamant ou pinceau) demeure immobile sur la traverse à laquelle il est fixé. Dans la tournette de M. Cornu, le verre reste immobile, et c'est l'outil qui est mis en mouvement à l'aide de la main. Le pinceau et le diamant sont entraînés par le mouvement de rotation d'un axe vertical auquel ils sont fixés à

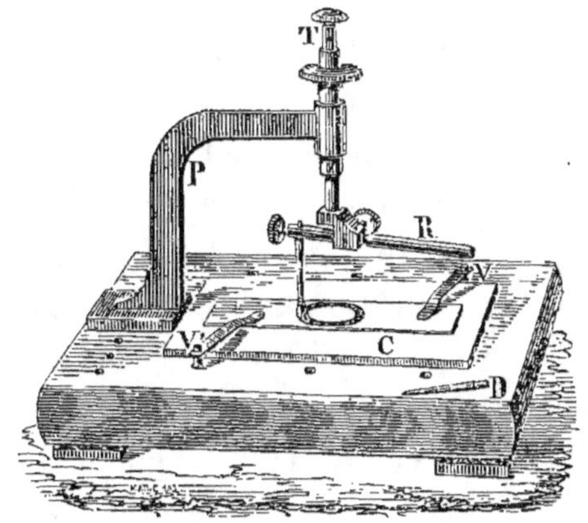

Fig. 2. — Tournette de M. Cornu.

une distance qu'on peut augmenter ou diminuer ; l'axe vertical, ou *porte-outil*, est maintenu verticalement au-dessus du plateau de la tournette, par un montant coudé P, implanté sur l'un des côtés de ce plateau.

Le porte-outil est surmonté d'un bouton métallique T fileté et glisse dans un trou cylindrique pratiqué à l'extrémité du montant coudé qui le maintient vertical ; le frottement est très-doux, de telle sorte que le poids seul puisse l'entraîner. Il porte un *arrêt* A, c'est-à-dire un petit cylin-

<hr>

[1] Chez M. Ducretet, constructeur d'instruments pour les sciences rue des Ursulines, 21, à Paris. — Prix : 22 fr.

dre de cuivre qui glisse sur lui à frottement doux ; quand cette pièce bute contre l'extrémité du montant coudé, la résistance produite par le double frottement suffit pour empêcher le porte-outil de descendre davantage ; cet arrêt est également muni d'un bouton fileté. Il ne sert pas seulement à régler la hauteur du porte-outil, il sert aussi à le faire tourner. Quand on veut imprimer un mouvement de rotation continue au porte-outil, on saisit de la main droite le bouton fileté qui le termine, de l'autre celui de l'arrêt, et, en les faisant glisser alternativement entre les doigts, on obtient le mouvement désiré. On peut, pendant ce temps, élever ou abaisser l'axe à volonté.

Si l'arrêt est trop lâche, on le resserre en le pressant légèrement avec une pince ; s'il est trop dur, on en enduit l'intérieur avec du suif, ou on l'élargit faiblement.

Une lame de caoutchouc C recouverte de papier est fixée sur le plateau de l'appareil. On y trace, à l'aide d'un crayon mis à la place du pinceau, deux cercles concentriques dont les diamètres sont, l'un égal à la longueur, l'autre à la largeur du *slide*. Ces cercles sont nécessaires pour déterminer la place exacte du *slide*, lors de la confection de la cellule ; 2 valets V, V' servent à le maintenir ; on en trace encore d'autres plus petits, destinés à guider dans le découpage des covers.

Le diamant ou le pinceau sont fixés à l'aide d'une vis de pression, dans une pièce située à l'extrémité d'un axe horizontal R glissant à frottement dans une autre pièce qui termine inférieurement le porte-outil. Cet axe peut être assujetti par une vis de pression dans une position invariable. On peut ainsi faire décrire au diamant ou au pinceau des cercles dont le rayon peut varier de 5 centimètres à 1 millimètre, et moins encore.

La tournette est contenue dans une boîte cubique en bois blanc peu embarrassante en voyage : on peut l'emporter à la campagne avec autant et plus de facilité encore que le microscope. L'un de nous s'en servit pendant la session extraordinaire de la Société botanique de France dans les montagnes du Jura français et suisse (1869). Les liquides conservateurs : le vernis, lames, covers, aiguilles, pinces, épingles américaines, tout peut être logé dans la boîte qui est relativement grande.

Tournette anglaise. — La tournette anglaise inventée par M. Hett est la plus simple et la moins coûteuse de toutes ; mais elle ne peut pas servir pour le découpage des *covers*, et elle est employée uniquement pour l'application des cercles de bitume ou de vernis sur les *slides*. Elle consiste en une planchette de bois, à l'extrémité de laquelle est disposé un plateau circulaire en laiton, pouvant tourner autour de son centre, sur un pivot portant à son sommet, au lieu d'une pointe, une tête large et presque plate. Deux petits valets en laiton servent à fixer le *slide* sur le plateau. De la main gauche, on imprime au plateau un mouvement de rotation qui lui permette de faire, quand cette main l'abandonne, une dizaine de tours sur lui-même, et, de la main droite appuyée sur la planchette, on approche le pinceau chargé de bitume ou de vernis. Le pinceau étant maintenu immobile et dans une situation bien verticale, au contact du *slide*, le cercle de bitume ou de vernis se trace de la façon la plus régulière, en raison du mouvement de rotation dans lequel le *slide* se trouve entraîné par le plateau.

Cette tournette est fabriquée par plusieurs constructeurs de Paris et de Londres. Le modèle adopté par la maison Smith et Beck, de Londres, nous paraît être le meilleur [1].

Quelle que soit la tournette qu'on adopte, il faut, pour en rendre l'emploi plus commode, fixer au centre de son plateau, avec de la colle de pâte ou de la gomme arabique, une petite feuille de papier blanc, sur laquelle on

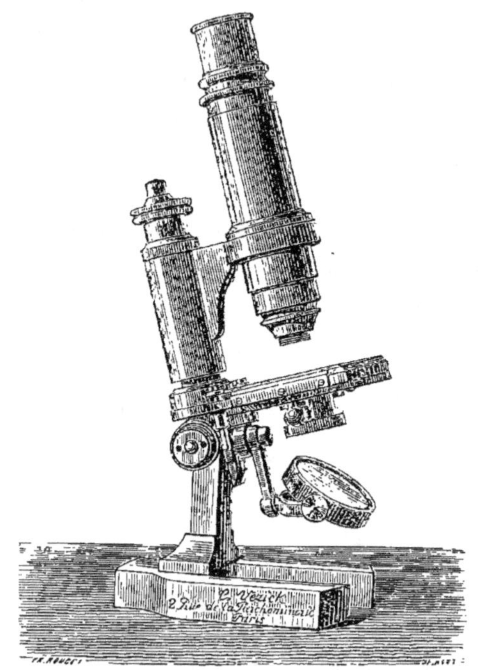

Fig. 5. — Microscope à platine fixe (n° 4), de M. Vérick.

trace ensuite au crayon ou au pinceau, à l'aide du mouvement même de la tournette, plusieurs cercles ou ellipses de différentes grandeurs, destinés à servir de repères pour le découpage des *covers*, le placement des *slides* et le tracé des cellules. De plus, si l'on emploie des *slides*

[1] Prix : 10 fr. — Chez M. Fowler, représentant de la maison Smith, Beck and Beck, rue d'Enghien, 11, à Paris

de dimensions toujours exactement égales, ce qu'on ne saurait trop recommander de faire, il est très-utile de fixer sur le plateau (excepté toutefois quand on se sert de la tournette de M. Cornu) trois petits morceaux de métal faisant saillie et servant de butoirs, de manière que le *slide* sur lequel on se propose d'opérer soit de suite mis en place sans aucun tâtonnement. Ces butoirs seront disposés comme ceux dont on parlera plus loin au paragraphe 2, quand on indiquera la marche à suivre pour le découpage des *slides*. Deux d'entre eux serviront d'appui à l'un des grands côtés du *slide*, le troisième à l'un des petits côtés.

II

DIAMANTS

Les diamants nécessaires au préparateur micrographe sont de deux sortes, savoir :

1° Les diamants de vitrier, que tout le monde connaît, et qui servent à découper les *slides;*

2° Les petits éclats de diamant, destinés au découpage des *covers*.

Les uns et les autres sont assujettis solidement dans une monture métallique, à l'aide d'un alliage assez fusible, connu sous le nom de *soudure*. La presque totalité du diamant est engagée dans la soudure, en dehors de laquelle on laisse saillir seulement une arête, terminée abruptement, de manière à former une pointe. On indiquera plus loin la manière de s'en servir.

On se borne à faire remarquer ici que les meilleurs diamants finissent par s'émousser par un long usage, et qu'ils perdent leur fil, au point de se trouver entièrement hors de service. Il faut alors chauffer la soudure, en l'approchant de la flamme d'une bougie ou d'une lampe à alcool, et profiter de son état de ramollissement ou de fusion pour retourner le diamant et faire saillir une nouvelle arête n'ayant pas encore servi. L'opération est facile pour les éclats de diamant servant à tailler les *covers*; elle est plus difficile pour les diamants de vitrier, dont l'arête doit être *orientée*, par rapport à la monture, dans une direction particulière, assez difficile à trouver. Ce qu'il y a de mieux à faire dans ce cas, c'est de s'adresser à un monteur de diamants pour faire opérer le retournement.

On ajoutera que les diamants de vitrier, que l'on trouve dans le commerce au prix de 5, 6 ou 7 francs pièce, ne présentent ordinairement qu'une seule arête et ne sont pas susceptibles de retournement. Ceux que nous employons coûtent une douzaine de francs pièce, et sont d'un excellent usage[1].

Les petits éclats de diamant destinés au découpage des *covers* doivent être montés dans le *porte-diamant* de la tournette. On doit en outre avoir un de ces éclats monté dans une sorte de porte-plume, pour écrire sur le bord des *slides* des indications provisoires sur la nature des préparations, en attendant l'apposition des étiquettes définitives. On en trouve de tout montés dans le commerce, sous le nom de *plumes à écrire sur verre* ou *diamants à écrire*[2].

---

[1] On peut se procurer des diamants de vitrier et des éclats de diamant chez M. Guzzi, monteur de diamants, rue de Rivoli, 100, à Paris.

[2] Prix : 3 fr.

III

PINCEAUX

Les seuls pinceaux convenables pour tracer et garnir les cellules sont les pinceaux en martre ou en soies de porc, montés sur manches en bois, avec garniture de fer-blanc ou de laiton, dont on se sert pour la peinture à l'huile. Il faut avoir bien soin, quand on les achète, de demander au marchand des *pinceaux*, et non des *brosses*, que leur extrémité tronquée rend incommodes pour le travail dont nous venons de parler.

Toutefois, pour la tournette de M. Cornu, il est néces-saire que ces pinceaux soient très-durs et plats. Ils sont fournis par le constructeur, et on peut au besoin les rem-placer par un morceau de bois taillé convenablement.

IV

SCALPELS, RASOIRS, AIGUILLES EMMANCHÉES, AIGUILLES SCALPELS

Pour débiter les tissus à préparer, et pour en isoler les parties délicates qui ont besoin d'être observées séparé-ment, on emploie plusieurs instruments de dissection, tels que les scalpels, les rasoirs et les aiguilles à dissec-tion.

Les scalpels les plus généralement employés pour les dissections végétales sont de moyenne ou de petite dimen-sion, à tranchant droit ou légèrement courbé. Les meil-leurs sont ces scalpels à lame triangulaire, mince et pointue, que l'on nomme *couteaux à cataracte*. Tous ces instruments, dans l'état où ils sont habituellement livrés par le fabricant, présentent une lame évidée sur chaque face par le travail de la meule, comme le sont ordinairement les lames de rasoir : il y a avantage à faire repasser l'une de ces faces *à plat*, de manière à obtenir une lame plane d'un côté et légèrement concave de l'autre. Avec une pareille lame, les coupes minces se font bien plus facilement, à condition que la face plane soit tournée du côté du tronçon végétal sur lequel on agit, et la face courbe du côté de la coupe que l'on cherche à détacher.

Les rasoirs servent principalement quand on veut obtenir des coupes minces présentant une large surface. Il est bon de les faire repasser *à plat* d'un côté, comme les scalpels et les couteaux à cataracte[1].

Les aiguilles emmanchées doivent être fortes et inflexibles, avec une pointe très-acérée. On peut les fabriquer soi-même en enfonçant à moitié dans de petites baguettes de bois, suivant la direction de la moelle, de grosses aiguilles à coudre. L'aiguille qu'on veut emmancher est serrée, au milieu de sa longueur, entre les mâchoires d'un petit étau, dans une situation verticale et la pointe en bas. On prend une baguette de bois encore vert ; on la coupe à la longueur convenable et on la place verticalement sur l'extrémité de l'aiguille opposée à la pointe. Il suffit alors de frapper avec précaution sur le bout supérieur de la baguette, avec un marteau, pour engager profondément l'aiguille dans le canal occupé par la moelle. La baguette se dessèche et durcit en quelques jours, et

---

[1] On trouve d'excellents rasoirs, spécialement fabriqués pour l'usage des micrographes, chez M. Vérick, constructeur de microscopes, rue de la Parcheminerie, 2, à Paris.

l'aiguille s'y trouve scellée avec la plus grande solidité[1].

Avec ces aiguilles, on dissèque en procédant par voie d'écartement ou de déchirement des tissus. Pour certaines dissections, il est nécessaire de *couper* au lieu de *déchirer* : on emploie dans ce cas des aiguilles *plates*, dont la pointe présente un double tranchant[2]. On peut se servir également, dans le même but, d'aiguilles-scalpels ou en fer de lance, qui se vendent chez tous les marchands d'instruments de chirurgie. Ce sont de fortes aiguilles terminées par une petite lame triangulaire ou rhomboïdale; beaucoup de personnes les préfèrent aux aiguilles plates, à cause de la plus grande largeur et de la plus grande solidité de leur partie terminale.

V

MANIÈRE DE REPASSER LES SCALPELS, LES RASOIRS
ET LES AIGUILLES.

Les aiguilles, les rasoirs et les scalpels doivent être repassés sur une *pierre d'Amérique*, dite *de premier choix*. Les auteurs qui ont écrit sur la micrographie ont recommandé un assez grand nombre de matières ou d'appareils, pierres à aiguiser, cuirs à rasoirs, etc., etc., comme propres à donner un bon tranchant aux instruments de dissection. Rien ne saurait, à notre avis, remplacer pour cet objet une bonne pierre d'Amérique. On en trouve, dans

---

[1] On peut employer aussi les tiges de certaines plantes monocotylédones, notamment celles du *Ruscus aculeatus, L. (Petit houx)*, et celles qui se vendent sous le nom de jonc *(Rotang)*, et que l'on trouve à bon marché chez tous les marchands de couleurs; à défaut d'étau, on se servira d'un pince pour enfoncer l'aiguille.

[2] On trouve ces aiguilles chez M. Blanc, fabricant d'instruments de chirurgie, rue de l'École-de-Médecine, 24 et 34, à Paris.

le commerce, de trois qualités différentes, désignées sous les noms de pierres de *troisième choix*, de *second choix*, de *premier choix*. Celles du troisième choix ont un grain beaucoup trop rude pour les lames délicates qui servent dans les travaux de micrographie ; celles du second choix peuvent servir, comme on le verra plus loin, pour *affûter* à nouveau une lame dont on a été obligé de détruire le tranchant afin de faire disparaître les crans ou d'autres défauts semblables. Mais les pierres de premier choix, au grain à la fois si fin et si mordant, sont les seules qui conviennent pour aiguiser et entretenir les lames des scalpels et des rasoirs, et, pour donner aux aiguilles la pointe ou le tranchant nécessaires. Malheureusement elles coûtent un peu cher (de 30 à 40 francs le kilogramme). Une pierre de dimension suffisante pèse environ 500 grammes et coûte une quinzaine de francs.

Ces pierres sont livrées par le marchand avec leurs surfaces complétement dressées et parfaitement planes, condition indispensable pour obtenir de bons résultats. On les couvre à l'avance d'une épaisse couche d'huile de pied de bœuf raffinée ; elles deviennent, au bout de quelques heures, à demi transparentes, et propres au repassage. La lame à aiguiser est posée *bien à plat* sur la pierre, au contact de laquelle on la maintient par une légère pression des doigts ; on la pousse lentement et avec fermeté, *dans une direction perpendiculaire à la ligne du tranchant*, et de manière *que le tranchant marche en avant*, en refoulant l'huile devant lui. Arrivé à l'extrémité de la pierre, on soulève la lame, on la replace au point de départ, et on recommence.

Quand une lame est en bon état et qu'il s'agit seulement d'en raviver le mordant, il suffit de la passer huit ou dix fois sur la pierre ; on commence par la face *plate* de la lame, que l'on repasse deux fois, et on termine par la face évidée, que l'on repasse six ou huit fois. On regarde à la loupe si, pendant le repassage, il ne s'est pas formé de crans ou de morfil sur le tranchant, que l'on doit, en outre, essayer sur l'épiderme d'un doigt. Si le tranchant ne porte ni cran ni morfil, et s'il présente au doigt ce mordant particulier que l'expérience apprend à reconnaître, la lame peut être immédiatement employée, après avoir été, bien entendu, essuyée avec soin.

Si le tranchant est garni de morfil, ou, en d'autres termes, de minces pellicules d'acier, provenant ordinairement d'un repassage poussé trop loin, on essaye d'enlever ce morfil, en faisant pénétrer la lame, à un demi-millimètre de profondeur, entre les fibres ligneuses d'une planchette de bois blanc (peuplier, sapin, etc.), et en la faisant ensuite glisser sur toute la longueur du tranchant, dans la petite fente ainsi formée par l'écartement des fibres. Cette fente doit être pratiquée en l'un quelconque des points d'une des arêtes produites, à l'extrémité de la planchette, par la rencontre d'une de ses larges surfaces avec la tranche terminale. On repasse ensuite deux ou trois fois sur la pierre, et on examine de nouveau l'état de la lame.

Lorsqu'une lame présente des crans, qui y ont été déterminés, soit par l'usage qu'on en a fait pour débiter un corps trop dur, soit par un repassage mal conduit, soit enfin par l'enlèvement du morfil, il est rare qu'on parvienne à les faire disparaître, par un repassage prolongé. Au contraire, une pareille opération les augmente souvent, en nombre ou en dimension, au lieu de les effacer. Il faut alors user le tranchant, et en même temps les crans qu'il présente, en le passant deux ou trois fois dans le sens de sa longueur sur la pierre, le plan de la lame étant maintenu dans une situation *perpendiculaire* au plan de la pierre; après quoi, on aiguise à nouveau, en se conformant aux recommandations qui précèdent. Seulement on comprend que, dans ce dernier cas, on se trouve obligé de faire un repassage complet, qui exige toujours un temps assez long. On peut accélérer l'opération, en faisant d'abord usage d'une pierre d'Amérique de *second choix*, et en terminant avec la pierre à grain fin ou de *premier choix*.

Les aiguilles, et les aiguilles-scalpels, se repassent également sur la pierre d'Amérique. On ne perdra pas de vue toutefois qu'elles en altèrent à la longue la surface, en y produisant des stries et même des rainures plus ou moins profondes; il faudra donc avoir soin d'affecter exclusivement à leur usage les *tranches* ou faces étroites de la pierre à repasser, lesquelles ne servent jamais pour les scalpels ni pour les rasoirs [1].

On aiguise les aiguilles à pointe conique en les faisant tourner entre les doigts en même temps qu'on les passe sur la pierre. Les aiguilles plates et les aiguilles-scalpels se repassent suivant le procédé indiqué ci-dessus pour les lames de scalpels et de rasoirs.

VI

APPAREILS DE DISSECTION ET MICROTOMES.

Un grand nombre d'objets peuvent, à raison de leur

[1] M. Vérick rue de la Parcheminerie, 2, tient un dépôt de pierres d'Amérique.

transparence et de leurs faibles dimensions, être soumis immédiatement à l'examen microscopique, sans dissection préalable. D'autres n'ont besoin que d'une préparation préliminaire à l'aide des aiguilles emmanchées, et cette préparation peut quelquefois s'exécuter à l'œil nu ; mais la plupart du temps il faut avoir recours à la loupe montée, ou microscope à dissection, que l'on trouve chez

Fig. 4. — Microscope à dissection, de M. Vérick.

tous les constructeurs d'instruments de micrographie. La disposition de l'instrument varie, suivant le constructeur auquel on s'adresse ; la plus commode est celle adoptée par M. Vérick, et dont nous donnons ici le dessin.

L'objet à disséquer est placé sur une tablette de verre, fortement éclairée en dessous par un miroir disposé comme celui d'un microscope. A droite et à gauche, les mains de l'opérateur sont soutenues par un plan incliné en bois, et au-dessus de l'objet est un doublet d'un pouvoir amplifiant plus ou moins considérable, à l'aide duquel on suit le travail des aiguilles. Ce modèle est celui qui est adopté dans la plupart des laboratoires d'histoire naturelle de Paris[1].

Dans bien des cas, la dissection à l'aide des aiguilles ne peut pas être employée. La plupart des tissus végétaux et animaux, en effet, constituent des masses relativement volumineuses, plus ou moins opaques, et l'on ne peut les étudier utilement au microscope qu'après les avoir réduits en tranches minces et transparentes.

On a fait un grand nombre de tentatives pour construire des appareils destinés à faciliter la division des tissus organiques en tranches minces ; les préparateurs d'anatomie notamment, qui exécutent des préparations microscopiques pour les livrer au commerce, font depuis longtemps usage, dans ce but, de machines inventées ou perfectionnées par eux, et qui fournissent de magnifiques préparations. Malheureusement ces machines, appelées *microtomes*, coûtent fort cher, parce qu'elles ne sont pas l'objet d'une fabrication courante. Il est même impossible de se procurer les meilleures d'entre elles, attendu que les inventeurs voulant, dans un but de spéculation, se réserver le monopole de leur emploi pour la confection des préparations dont ils font commerce, n'ont pas fait connaître les détails de leur construction. Aussi, la plupart des naturalistes avaient, depuis longues années, cessé de considérer le microtome comme un auxiliaire utile pour leurs recherches, et ils se servaient uniquement du scalpel et du rasoir pour obtenir des coupes minces. Aujourd'hui cet instrument si délaissé, surtout en France, paraît appelé à reprendre faveur, grâce à quelques perfectionnements qu'il a reçus et qui, tout en lui permettant de rendre de véritables services,

---

[1] Prix : 55 francs, avec trois doublets grossissant de 6 à 15 fois.

en ont considérablement diminué le prix de revient.

C'est un habile constructeur de microscopes dont nous avons déjà parlé plus haut, M. Vérick, élève de M. Hartnack, qui a entrepris, il y a deux ou trois ans, de tirer le microtome de l'oubli où il était tombé, et d'en vulgariser l'emploi en le construisant à un prix modique.

Les premiers essais tentés par M. Vérick ont d'abord démontré, de la manière la plus évidente, que l'agencement du microtome devait être différent suivant la *nature* et la *consistance* des objets à couper. Il a été amené ainsi à adopter trois modèles, l'un pour les tissus animaux, le second, pour les tissus végétaux herbacés, et le troisième pour les tissus lignifiés, les bois, etc.

Le premier de ces microtomes a été construit d'après les indications de M. le docteur Ranvier. Il est, comme nous venons de le dire, spécialement destiné aux travaux d'histologie animale; mais on peut s'en servir également pour faire des coupes de végétaux.

Il se compose essentiellement : 1° d'un tube de métal dans lequel l'objet à couper est assujetti entre des morceaux de moelle de sureau; 2° d'une vis micrométrique qui fait glisser dans le tube la moelle de sureau et l'objet qu'elle enserre, de manière à faire déborder le tout, d'une quantité très-petite et que l'on règle à volonté, au-dessus du plateau constituant la partie supérieure de l'instrument ; on glisse alors une lame de rasoir à plat sur ce plateau, en la tirant obliquement, et

Fig. 5.— Microtome de M. le Dʳ Ranvier.

la coupe est faite. Pour les coupes très-délicates, on commence par déposer une large goutte d'eau sur la surface à entamer et une autre goutte sur la lame du rasoir[1].

Les deux autres microtomes ont été construits sur les indications de M. Rivet.

Le premier, destiné à faire des coupes sur les tissus herbacés, les feuilles, etc., se compose :

1° D'une petite presse à ressort, dans laquelle on assujettit l'objet à couper entre deux morceaux de moelle de

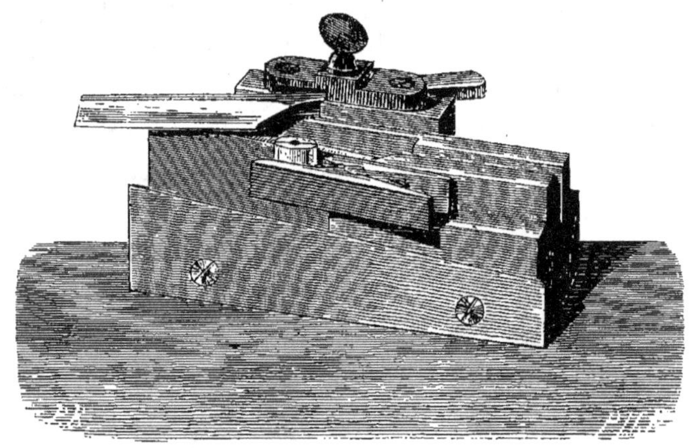

Fig. 6. — Microtome de M. Rivet, pour les tissus herbacés.

sureau. Cette presse est montée sur une coulisse qu'on peut faire glisser sur un plan incliné, de manière à la soulever peu à peu, avec l'objet qu'elle porte, de quantités très-petites (1/10e, 1/20e et même 1/40e de millimètre) ;

2° D'une lame en acier, parfaitement affilée, et montée sur une coulisse glissant sur un plan horizontal[2].

On pousse en avant la coulisse portant la presse jusqu'à ce que l'objet assujetti dans cette presse se trouve à la hauteur de la lame ; on fait alors marcher la coulisse qui porte la lame et l'on obtient une première coupe. On

[1] Son prix est de 12 francs.
[2] Prix de l'instrument, avec la boîte qui le renferme, 28 francs.

avance de nouveau d'une petite quantité la coulisse porte-objet, puis on fait jouer la lame que l'on a préalablement ramenée en avant avec sa coulisse, et l'on obtient une seconde coupe, et ainsi de suite. Une échelle convenablement divisée permet d'apprécier, à chaque opération, l'élévation donnée à l'objet et, par suite, l'épaisseur de la coupe obtenue. Chaque division de cette échelle correspond à 1/10ᵉ de millimètre d'élévation. Par conséquent, lorsqu'on avance le porte-objet d'une division entière, la coupe obtenue a 1/10ᵉ de millimètre d'épaisseur; si l'avancement est seulement de la moitié d'une division, la coupe n'a que 1/20ᵉ de millimètre, etc.

Les tranches que l'on détache de cette manière de l'objet à couper sont d'une égale épaisseur dans toute leur étendue. Si l'on désire une tranche qui aille en s'amincissant et se termine par un *lambeau* très-délicat, comme celles qu'on obtient ordinairement quand on coupe *à la main* sans le secours du microtome, on y parvient facilement en pratiquant une première coupe dans les conditions ordinaires, et en profitant ensuite du jeu de la coulisse porte-objet dans sa rainure pour lui donner une légère inclinaison à gauche : la nouvelle coupe que l'on détache alors est en forme de coin très-allongé et présente ordinairement le lambeau désiré, dont l'extrême finesse permet l'observation des détails les plus délicats. On le sépare s'il y a lieu, à l'aide d'un scalpel, de la partie plus épaisse de la coupe à laquelle il adhère.

Une précaution facile à prendre, et grâce à laquelle les coupes se font mieux et sont infiniment plus délicates, consiste à couvrir d'eau la surface à couper et le bord de la lame, *avant chaque coupe*. L'eau est puisée avec le bout du doigt, dans un vase à portée de la main, et on l'étale sur les surfaces qu'elle doit recouvrir, sous une épaisseur de 1 ou 2 millimètres. On doit avoir soin que l'eau ne se répande pas sur les coulisses de l'instrument ; en effet, pour que l'instrument fonctionne avec précision, les surfaces de ces coulisses doivent être maintenues bien sèches, et il faut se garder en outre de les frotter de cire ou de savon, comme on pourrait être tenté de le faire, dans l'espoir d'obtenir un glissement plus facile.

Pour les deux microtomes qui viennent d'être décrits, la moelle de sureau employée doit être très-saine. Celle qui a subi un commencement de décomposition se désagrége quand on veut la couper en présence de l'eau, et il faut la rejeter.

Le microtome pour les corps durs repose sur les mêmes principes ; mais il est beaucoup plus solidement établi. L'objet à couper est scellé avec de la stéarine et de la gomme arabique dans un tube de laiton, d'où on le fait sortir peu à peu, après chaque coupe, au moyen d'un coin glissant sur un plan incliné. On peut avec cet instrument pratiquer des coupes de 2 ou 3 centimètres de diamètre, à travers des tiges formées de couches successives de matières de dureté très-différente, et par conséquent difficiles à débiter sans déchirures. Ainsi on peut obtenir des coupes de tiges de sureau, par exemple, comprenant l'épiderme, l'écorce, le bois et la moelle ; de tiges d'églantier, y compris les aiguillons, etc.[1] Une échelle divisée indique également l'épaisseur des coupes. Chaque division représente 1/20e de millimètre d'épaisseur. *Il faut s'abstenir de mouiller la lame et la surface à couper.*

L'emploi de ce dernier microtome présente un peu plus

[1] Prix de l'instrument et des accessoires, 70 francs.

de complication que celui des deux autres. Nous reproduisons ici l'instruction détaillée que le constructeur y a jointe.

L'objet destiné à être débité en tranches minces doit être fixé avec de la stéarine de bonne qualité, blanche, dure et cassante, dans l'intérieur d'un des deux tubes de laiton qui accompagnent l'instrument. A cet effet, on prend celui de ces deux tubes qui est le mieux proportionné aux dimensions de l'objet, et on le pose sur une tablette de marbre horizontale, bien unie et bien propre, l'embase carrée étant placée en haut. On descend alors dans l'intérieur du tube l'objet à couper, auquel on a laissé une hauteur de 30 millimètres. La face sur laquelle on veut pratiquer des coupes a été préparée et aplanie à l'avance avec un bon couteau, et c'est elle qui doit reposer sur le marbre. On descend ensuite dans le tube, jusqu'au contact de l'objet, le cylindre de bois qui s'adapte à ce tube, et la stéarine fondue est alors versée par la cannelure la plus large de ce cylindre, la cannelure la plus étroite étant destinée à servir d'évent. On ne s'arrête que lorsque la stéarine vient déborder par les deux cannelures à la fois. On laisse refroidir, ce qui demande un quart d'heure au moins pour le petit tube et une demi-heure ou trois quarts d'heure pour le gros; on enlève toute la stéarine adhérente à l'extérieur du tube de cuivre et du cylindre de bois, et on introduit le tube dans l'ouverture pratiquée à cet effet dans le corps du microtome, de façon que la tranche du tube, qui était placée au contact du marbre, vienne effleurer la table supérieure du microtome et que, par conséquent, la face de l'objet qui était posée aussi sur le marbre se présente au niveau de la même table. On glisse alors la plus mince des deux cales sous le cylindre de bois, jusqu'à ce qu'elle soit arrêtée par les tenons qui y sont fixés, et, entre cette cale et le plan incliné portant l'échelle divisée, on enfonce le coin en bois jusqu'à ce que le cylindre de stéarine et l'objet qu'il renferme commencent à sortir du tube de cuivre. On fait alors agir la lame, solidement fixée dans le porte-lame, en faisant glisser celui-ci sur les coulisses ménagées de chaque côté de la table supérieure. Une première coupe étant effectuée, on ramène le porte-lame en arrière, et on enfonce de nouveau le coin en le frappant légèrement avec un petit marteau, pour pratiquer une nouvelle coupe et ainsi de suite. Le coin étant arrivé à fond, on le retire et on remplace la première cale par la deuxième, ce qui permet de recommencer une nouvelle série de coupes. L'exécution de ces diverses manœuvres exige un peu d'adresse et un certain apprentissage. On réussira à coup sûr en se conformant scrupuleusement aux recommandations suivantes :

1° Après avoir coupé l'objet à la longueur de 30 millimètres et avoir dressé l'une de ses faces dans le sens des coupes que l'on veut faire, on doit l'enduire, sur tout son pourtour, d'une légère couche de gomme arabique en dissolution épaisse, qu'on laisse entièrement sécher, avant de couler la stéarine. Les coupes minces, au fur et à mesure qu'on les obtient, étant jetées dans l'eau, la stéarine s'en détache complétement, grâce à la couche de gomme interposée. Sans cette précaution, toutes les coupes emporteraient avec elles des fragments de stéarine dont on ne pourrait pas les débarrasser et qui gâteraient les préparations.

2° La stéarine doit être fondue au bain-marie (elle se liquifie à environ 62° centigrades). Il faut la couler aussi peu chaude que possible et seulement lorsqu'elle est sur le point de se solidifier, ce que l'on reconnaît à ce que sa surface se couvre de petites taches opaques qui persistent même quand on agite la masse. La stéarine coulée trop chaude éprouve un retrait sensible en se refroidissant, et l'objet n'étant plus fixé solidement par elle dans le tube de cuivre, ne peut se prêter à l'action du microtome. Un inconvénient analogue se produit quand on opère sur une tige encore verte et qu'on la laisse plusieurs heures en place dans le microtome, avant de la réduire en coupes minces.

3° On doit faire glisser légèrement le porte-lame sur ses coulisses, et n'exercer sur lui qu'une très-faible pression.

4° Il faut avoir grand soin, pendant toute l'opération, de ne pratiquer que des coupes très-minces, même au début, quand on cherche seulement à niveler la surface avant de faire des coupes destinées à l'examen microscopique. Toute tentative ayant pour but d'enlever un copeau un peu épais peut faire engager la lame dans une direction vicieuse, et tout serait alors à recommencer.

5° Les débris de stéarine qui se fixent aux coulisses du microtome et du porte-lame doivent être fréquemment enlevés avec une lamelle de bois, employée comme racloir.

En faisant avancer le coin d'une quantité correspondante à une division de l'échelle placée sur le plan incliné, on élève l'objet d'un vingtième de millimètre, et la coupe que l'on détache offre cette même épaisseur. Un avancement de deux divisions correspond à une élévation d'un dixième de millimètre, etc. On doit chercher à faire des coupes aussi minces que possible ; celles qui ont moins d'un vingtième de millimètre présentent souvent des déchirures, mais, en raison de leur extrême délicatesse, elles méritent quelquefois d'être conservées.

On ne peut couper avec le microtome que les tissus végétaux susceptibles de se débiter *en copeaux*, tels que les bois, et surtout les bois encore verts. Les tissus durs et cassants, comme ceux des noyaux, etc., ne peuvent pas être coupés en tranches minces avec un pareil instrument. On est obligé, pour les étudier au microscope, de les débiter à la scie, en lames relativement épaisses, que l'on use ensuite avec précaution sur le tour d'opticien ou de lapidaire, opération assez délicate, et complétement étrangère à l'objet de la présente instruction.

Lorsque la lame a perdu son tranchant, on la repasse sur une pierre d'Amérique du grain le plus fin. On repasse lentement, avec fermeté, le tranchant en avant et la lame posée bien à plat. Le biseau supérieur est passé sur la pierre, cinq ou six fois, le biseau inférieur une fois ou deux seulement. L'entretien de la lame est la seule difficulté sérieuse que l'on rencontre, et un opérateur adroit arrive promptement à la surmonter.

On a recommandé plus haut de donner à l'objet à couper une hauteur de 30 millimètres. Quand on veut pratiquer des coupes *longitudinales* sur des tiges de faible diamètre, on ne peut pas se conformer à cette recommandation, puisque la hauteur du tronçon, après qu'on a préparé la surface à couper ou, pour mieux dire, l'épaisseur de l'objet au-dessous de cette surface, est nécessairement moindre que le diamètre même de la tige. On doit dans ce cas, couper les deux bouts du tronçon obliquement, de manière que la partie engagée dans la stéarine se trouve plus large ou plus longue que celle qui affleure; cette simple précaution suffit ordinairement pour maintenir le tronçon solidement en place. Quant au *cylindre de bois* dont on a parlé plus haut et qui s'introduit dans le tube de cuivre, on le maintient comme d'habitude à la hauteur de 30 millimètres au-dessus du marbre, à l'aide d'un très-petit coin de bois qu'on enfonce entre lui et le tube, et on coule alors la stéarine.

On s'aperçoit quelquefois que la lame, au lieu de couper régulièrement l'objet, produit des déchirures à sa surface, laquelle ne présente plus cet aspect uni et brillant qui est la conséquence d'une coupe bien faite. Il faut alors abaisser le tube et le déplacer d'un quart, d'un demi ou de trois quarts de tour, afin que l'objet vienne s'offrir à la lame dans un sens plus favorable.

Aussitôt qu'une tranche mince est obtenue, on l'enlève avec un pinceau humide ou avec un pince, et on la jette dans un vase plein d'eau. Quand on a détaché de l'objet sur lequel on opère autant de coupes qu'on le désire, on s'occupe immédiatement de leur préparation.

Les coupes herbacées obtenues avec l'un ou l'autre des deux microtomes décrits en premier lieu, n'ont pas ordinairement de tendance à s'enrouler sur elles-mêmes. Elles n'exigent dès lors aucune manipulation spéciale. On n'a qu'à les retirer de l'eau dans laquelle on les a provisoirement déposées, et à les placer dans un liquide conservateur, où elles séjournent jusqu'au moment où l'on veut, soit les soumettre à l'observation, soit les enfermer dans des cellules closes, constituant, comme on l'a dit, les préparations définitives destinées à être placées dans la collection.

Les coupes ligneuses, faites avec le microtome décrit en dernier lieu, ont une grande tendance à s'enrouler sur elles-mêmes. Au fur et à mesure qu'on les obtient, on les jette dans l'eau pour les débarrasser de la stéarine et de la gomme arabique qui avaient servi à sceller dans le microtome l'objet à découper, et qui sont restées adhérentes au pourtour des coupes qu'on en a détachées. On lave ces coupes à plusieurs eaux, jusqu'à ce que toute trace de stéarine ait disparu, et on les place, s'il est nécessaire, dans un liquide destiné à expulser l'air engagé dans leur épaisseur (voir chapitre 5); après quoi on cherche à les dérouler. On se munit à cet effet de deux petits morceaux de bois, taillés en pointe effilée et très-allongée ; on en saisit un de chaque main et on les introduit en même temps tous les deux par les deux orifices opposés du cylindre formé par l'enroulement de la coupe. On écarte avec précaution les deux petits morceaux de bois, et la coupe se déroule peu à peu. On doit la maintenir, pendant l'opération, dans une large goutte de liquide conservateur, dé posée sur un *slide*, au bord de la table de travail. Le déroulement étant en partie effectué d'un côté, on maintient contre le *slide* la partie étalée, en appuyant à sa face supérieure avec l'un des petits morceaux de bois posé à plat, pendant qu'on achève le déroulement avec l'autre; puis

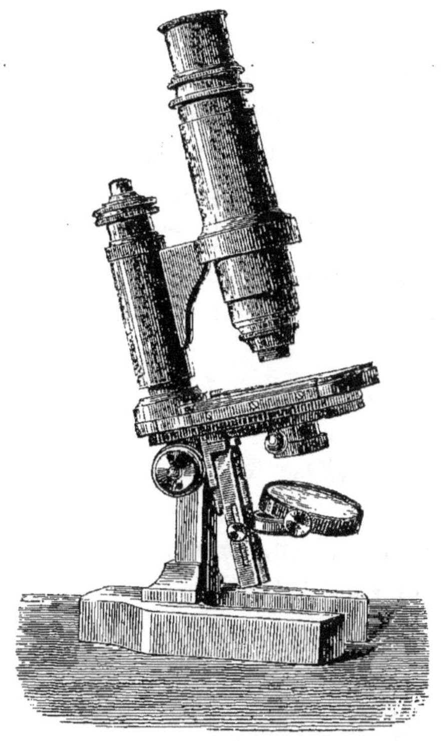

Fig. 7. — Microscope petit modèle (n° 5) avec platine à rotation, de M. Vérick.

on pose sur la coupe, pour achever de l'aplatir et lui faire perdre son mauvais pli, un morceau de verre à préparation, d'une dimension plus grande que celle de la coupe. On peut disposer ainsi sur un seul et même *slide* un plus ou moins grand nombre de coupes, recouvertes chacune de la petite lame de verre destinée à la maintenir à plat; et, lorsque le liquide dans lequel plongent les coupes est à base de glycérine, ce liquide ne pouvant jamais s'évaporer complétement, puisque la glycérine n'est pas volatile, il en résulte que de telles préparations malgré leur caractère provisoire, peuvent se conserver indéfiniment, sans que les objets qu'elles renferment subissent la moindre altération. Il faut seulement les mettre à l'abri de la poussière, et les maintenir dans une position horizontale jusqu'au moment où l'on jugera à propos de faire les préparations définitives en cellules[1].

Il faut, en général, au moins vingt-quatre heures pour qu'une coupe déroulée par le procédé qui vient d'être décrit ait perdu toute tendance à s'enrouler de nouveau. C'est seulement alors qu'on peut la placer dans une cellule.

Quant aux coupes destinées à être préparées au baume du Canada, on doit les dérouler dans l'eau pure, et non dans un liquide à base de glycérine. L'espace qui sépare les deux *slides* entre lesquels on les a aplaties étant entièrement rempli d'eau, qu'on y introduit facilement par capillarité, on place le tout sous une petite cloche dont on a mouillé la paroi interne. On attend un ou deux jours, et on jette les coupes dans l'alcool, pour les traiter ensuite comme il sera dit ci-après (chapitre IV).

---

[1] On peut donner aux préparations provisoires qui viennent d'être décrites une certaine stabilité, en remplaçant les petits fragments de verre déposés sur les coupes par un second *slide* recouvrant complétement le premier. La substitution, toutefois, ne peut se faire que lorsque les coupes ont perdu leur pli. On fixe ensuite les deux *slides* l'un à l'autre à chaque extrémité par de petites bandes de papier enroulées autour des *slides*, et collées sur eux. Il va sans dire que de telles préparations, à cause de l'épaisseur du *slide* qui les couvre, ne peuvent être examinées qu'avec des objectifs faibles.

CHAPITRE II

DES VERRES EMPLOYÉS POUR LES PRÉPARATIONS

I

INDICATIONS GÉNÉRALES

Dans toute préparation microscopique quelle qu'elle soit, l'objet à conserver est disposé sur une bande de verre désignée, dans les ouvrages anglais sur la micrographie, sous les noms de *slide*[1], coulisse, ou *slip*, bande, et qui forme la pièce principale de la préparation ; et il est en outre recouvert par un morceau de verre (*cover*[1] des Anglais) assez mince pour permettre d'examiner la préparation avec le grossissement désirable. Pour les préparations délicates, on peut avoir à employer les objectifs les plus puissants, dont la distance focale est très-courte ; il faut alors recouvrir l'objet avec les verres les plus minces que l'on peut trouver. Pour les préparations destinées à être vues seulement avec de faibles grossissements, on peut employer des verres un peu plus épais, et par conséquent

---

[1] Prononcez *slaïde*.
[2] Prononcez *coveur*.

plus solides. Les *slides* et les *covers* se vendent découpés suivant les dimensions voulues, chez tous les constructeurs de microscopes et chez quelques préparateurs[1]; mais, achetés dans de telles conditions, ils reviennent à un prix assez élevé. Il vaut mieux, lorsqu'on a un grand nombre de préparations à faire, acheter le verre en feuilles et le découper soi-même.

II

SLIDES

Le verre destiné à former les *slides* est connu, dans le commerce, sous les noms de *verre mince* et *verre extra-mince*. Il se vend en grandes feuilles, comme le verre à vitres ; mais il est plus mince et beaucoup plus beau que celui-ci. On le trouve chez les marchands d'accessoires pour la photographie[2]; une feuille entière, du prix de 2 fr. pour le *verre mince*, et de 2 fr. 50 pour l'*extra-mince*, peut fournir de 180 à 200 bandes de 76 millimètres de longueur sur 26 millimètres de largeur. Ces dimensions sont ordinairement celles des préparations que l'on trouve dans le commerce ; il importe de les adopter, afin de pouvoir classer ses collections dans les boîtes, spécialement disposées à cet effet, que vendent les marchands de préparations. Le découpage se fait avec une règle et un diamant de vitrier. Les angles vifs des bandes doivent être usés sur la meule, pour qu'ils ne

---

[1] M. Marchand, rue Cardinal-Lemoine, 42, à Paris.
[2] Notamment chez M. Damain, rue Tiquetonne, 12; et chez M. Vivien, rue Montmartre, 49, à Paris.

blessent pas l'observateur et ne ràclent pas la platine du microscope, lorsqu'on les fait glisser sur cette platine pendant l'observation [1].

Les *slides* ne sont pas tous également bons pour les diverses espèces de préparations, et quand on les a taillés et façonnés de la manière qui sera indiquée plus loin, on doit les classer, suivant leurs qualités ou leurs défauts, en quatre catégories. Dans la première on place les plus minces, qui sont ordinairement les meilleurs pour l'emploi des forts grossissements : la raison en est que, plus le verre est mince, moins il y a de chances d'y rencontrer, en un point donné, des couches de densité diffé-

---

[1] De plus, les réfractions et réflexions des rayons qui pénètrent par ces faces verticales, quand elles ne sont pas usées à la meule, rendent fréquemment les images laiteuses, surtout si l'on est placé en face d'un jour vif venant horizontalement. On se rend compte de cette action en plaçant un écran devant la platine du microscope et en le retirant ensuite, en observant chaque fois l'effet produit : on remarque une diminution très-sensible de la netteté de l'image chaque fois que l'écran est enlevé.

On pourrait confondre l'effet signalé avec celui qui provient de la lumière qui éclaire directement l'objet en tombant sur la face supérieure de la préparation ; mais, si l'on empêche la lumière d'arriver de ce côté, sur l'objet, ce qui peut se faire au moyen d'un très-petit écran posé sur le *slide*, on voit qu'il entre encore par la tranche une quantité notable de lumière. Il suffira de retourner le miroir pour s'en convaincre : l'objet, bien que n'étant plus éclairé par le miroir est encore visible dans le champ du microscope. On peut encore faire à ce sujet une autre expérience : le miroir étant retourné, on ôte le petit écran dont on vient de parler, et l'on en place un autre le long du bord, un crayon, par exemple, pour cacher a tranche du slide, et l'on constate une différence notable dans l'aspect de l'image.

Ce genre d'éclairage par la tranche des slides pourrait peut-être donner de très-bons effets, dans certains cas, s'il était bien manié ; mais on doit le supprimer dans l'observation courante. Il est donc absolument nécessaire de dépolir les côtés des slides.

Il n'était pas inutile d'insister sur les altérations des images provenant de ces rayons réfléchis et réfractés dans l'intérieur du slide. Ces altérations sont réellement nuisibles dans les observations délicates, et, comme les ouvrages de micrographie placés entre les mains des étudiants n'en parlent pas, nous avons cru devoir appeler l'attention sur elles.

rente et de pouvoir réfringent différent, et plus il y a de
chances par conséquent d'obtenir un éclairage régulier,
qui est d'autant plus nécessaire que le pouvoir amplifiant
de l'objectif augmente. Dans la seconde catégorie on place
les *slides* les plus épais, pour les affecter aux préparations
qui n'exigeront que de faibles grossissements, comme les
préparations en *cellules profondes* dont il sera parlé ci-
après. La troisième catégorie renferme les *slides* d'épaisseur moyenne, pour les préparations ordinaires, et enfin
on range dans la quatrième ceux qui, dans la partie mé-
diane où sera appliquée la préparation, présentent évidemment des défauts, tels que bulles, stries, etc., qui
les rendent impropres à laisser passer un bon éclairage.
Ces derniers *slides* sont employés pour les préparations à
fond opaque, destinées à être éclairées en dessus, par
réflexion. Il est évident en effet que, dans ce dernier cas,
le *slide* ne joue que le rôle d'un support quelconque, et
pourrait être sans inconvénient remplacé par une planchette de bois. Les verres défectueux peuvent donc,
malgré leurs défauts, être utilisés pour un pareil usage.

III

COVERS

Le verre en lames extrêmement minces, qui sert à recouvrir les objets préparés et à les fixer sur les *slides*, ne
se fabrique pas en France. On le tire des verreries d'Angleterre, notamment de la verrerie de MM. Chance, à Bir-
mingham. Il en existe des dépôts à Paris, chez plusieurs

commissionnaires en marchandises, chez les constructeurs de microscopes et chez les marchands de préparations. Son prix varie de 60 fr. à 100 fr. le kilogramme, suivant son épaisseur, le plus mince coûtant le plus cher. Un hectogramme, du prix de 6 fr. à 10 fr., peut suffire pour un grand nombre de préparations. On le découpe en morceaux circulaires ou elliptiques, au moyen d'un fragment de diamant monté sur une tournette, ainsi qu'il sera expliqué plus loin.

IV

MANIÈRE DE TAILLER LES SLIDES

Il est indispensable d'avoir une méthode commode et rapide pour couper à coup sûr tous les *slides* exactement de la même dimension.

Voici comment on doit opérer :

Sur une large feuille de carton épais, ou sur une table commune, mais bien plane, on trace deux lignes à angle droit, MN, OP, et l'on enfonce trois petits clous sans tête (dits *pointes de Paris*) le long de ces lignes, savoir : un clou A sur la ligne OP, à deux centimètres du sommet de l'angle droit α, et, sur la ligne MN, deux clous, l'un B, à un centimètre du sommet de l'angle, l'autre C à un centimètre plus loin. On taille au diamant deux des côtés de la feuille de verre à découper, de manière à les mettre bien d'équerre ; cela fait, on pose cette feuille de verre sur le carton ou sur la table, de façon que les deux côtés d'équerre s'appliquent exactement sur les deux lignes

MN, OP, et que les clous A, B, C, portant tous les trois
contre les côtés dont il s'agit, empêchent tout mouvement.
On a placé, en E et F, deux autres clous le long d'une ligne parallèle à la ligne OP ; on appuie la règle contre eux,

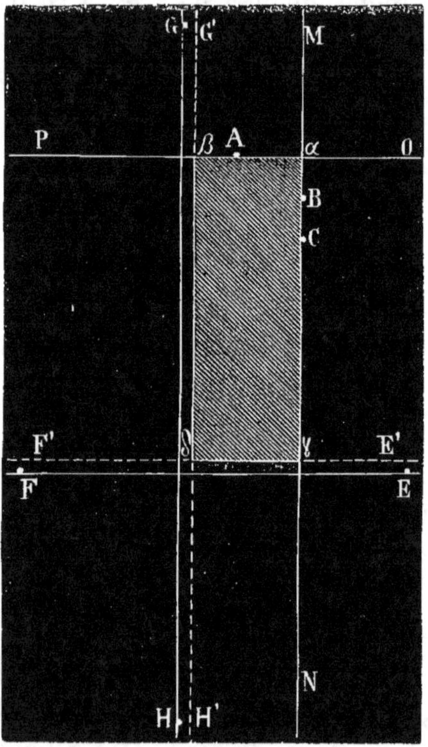

Fig. 8.

et l'on trace une ligne au diamant de vitrier, sur toute
la largeur de la feuille de verre, en E'F', en ayant soin de
placer contre la règle le côté de la monture du diamant
qui porte deux marques circulaires ou deux *yeux*. On détermine ainsi une bande qu'on détache de la feuille à
laquelle elle adhère. Cette bande doit avoir une *largeur*

égale à la longueur que l'on veut donner aux slides, soit 76 millimètres. Pour arriver à ce résultat, on doit se rappeler que le diamant ne trace pas exactement suivant la ligne marquée par le bord de la règle, mais suivant une ligne distante de la demi-épaisseur de la monture du diamant; c'est ce qu'on appelle *le chemin* du diamant. Il faut donc avoir soin de mettre entre les lignes OP et EF une distance égale à 76 millimètres, *plus le chemin du diamant dont on se sert.*

La première bande enlevée, le bord αP est remplacé par le bord γF', qui est encore à angle droit sur MN. Donc on pourra encore appliquer exactement les deux bords de la feuille de verre, γF' et γN, sur les trois clous A,B,C. On sera, par conséquent, dans les mêmes conditions qu'auparavant pour détacher une nouvelle bande rigoureusement de même largeur que la première, et ainsi de suite.

Quand on aura une série de ces bandes, il faudra appliquer à chacune d'elles, pour la diviser en *slides* de la largeur voulue, la méthode qui vient d'être décrite. A cet effet, on choisira deux côtés de la bande se coupant à angle droit; on appuiera le plus long contre le clou A, et l'autre, qui est égal à la longueur des *slides*, sur les clous B et C. Puis on placera la règle contre deux autres clous G, H, plantés sur une ligne parallèle à MN, tracée à une distance convenable, c'est-à-dire à 26 millimètres, largeur adoptée pour les *slides, plus le chemin du diamant dont on se sert.* On fera agir le diamant, et on isolera ainsi une lame αβγδ. Le bord αγ sera remplacé par le bord nouvellement coupé βδ, qui est encore à angle droit sur αP; ce bord βδ et le bord βP seront à leur tour appliqués exactement contre les clous A, B, C, et l'on coupera de nouveau avec le diamant. On continuera ainsi jusqu'à ce que toute la bande soit débitée en *slides*.

Pour la bonne réussite de ces diverses opérations, il faudra tenir compte des recommandations suivantes :

1° Il faut éviter de confondre les deux côtés rigoureusement à angle droit avec les autres, et, à cet effet, les marquer avant le découpage par des lignes à l'encre tracées près des bords ; — la moindre erreur sur ce point annihilerait tous les avantages de la méthode ;

2° Le clou F doit être planté très-loin de la ligne MN, et le clou H très-loin de la ligne OP, puisque, entre les clous A, B, C, d'une part, et les clous F, H, d'autre part, il doit y avoir place pour la feuille de verre *tout entière* que l'on se propose de découper ;

3° La table (ou la feuille de carton) où les clous se trouvent implantés doit être placée devant l'opérateur dans une position telle que celui-ci, maintenant la règle de la main gauche, puisse faire de l'autre main marcher le diamant de gauche à droite ; il faudra donc, après avoir découpé la feuille de verre en larges bandes, faire subir un quart de tour à la table ou au carton, pour débiter ces bandes en *slides;*

4° Les clous doivent être *tangents* aux lignes MN, OP EF, GH, comme le montre la figure. Si l'on ne réussit pas à les enfoncer tout d'abord dans cette position, un petit coup de marteau frappé obliquement, et, au besoin, un petit coup de lime, suffiront pour les ramener à la position indiquée ;

5° Le diamant doit déterminer dans le verre une fente mince, profonde et brillante, en ne produisant qu'un bruit très-léger, qu'on appelle *le chant du diamant*. Si, au lieu d'une fente, il trace une ligne peu profonde, large, blanche et remplie de verre en poudre, cela indique que l'opérateur ne le tient pas dans la positon voulue, ou qu'il appuie trop[1]. Dans ce dernier cas, le verre se coupe mal ou même se brise de la façon la plus irrégulière quand on cherche à détacher les deux morceaux délimités par le passage du diamant. Dans le premier cas, au contraire, les deux morceaux se séparent sous le moindre effort et de la façon la plus régulière.

Si l'on se conforme scrupuleusement à toutes ces indications, le découpage se fera avec une grande rapidité et une exactitude parfaite.

Les *slides* taillés, on en abat les angles à la meule, en observant les précautions suivantes :

La meule doit être bien mouillée. Une meule sèche ou presque sèche n'use pas le verre régulièrement; elle le fait sauter par écailles, ce qui nuit au bon aspect des préparations et laisse subsister une partie des inconvénients que présentent, comme on l'a expliqué plus haut, les tranches non dépolies.

On abat d'abord les huit biseaux, puis les quatre angles, et enfin on dépolit les tranches ou faces latérales.

La meule doit tourner dans le sens adopté par les rémouleurs, c'est-à-dire de façon que la partie située en face de l'opérateur se meuve de bas en haut. Une petite meule à main suffit : son prix, monture en fonte comprise, varie de 4 francs à 10 francs[2].

---

[1] Un verre excellent pour les préparations microscopiques, et connu sous le nom de *glace d'Allemagne*, fait exception à cette règle. Le diamant ne le fend pas, il le raye seulement, et le découpage ne s'en opère pas moins avec facilité.

[2] Chez tous les quincailliers.

V

MANIÈRE DE TAILLER LES COVERS

Pour découper les *covers* avec la tournette de vitrier, ou la tournette de M. Hartnack, on prend une feuille de verre à vitre à peu près de la grandeur du plateau de la tournette, on dépose à sa surface quelques gouttes d'eau ou d'alcool, ou simplement un peu de salive, et on place ensuite, sur la surface ainsi préparée, la lame de verre mince [1] dans laquelle on veut découper les *covers*. Une légère pression répétée plusieurs fois et en différents points amène les deux verres à adhérer fortement l'un à l'autre. Ainsi réunis, on les pose sur le plateau de la tournette, le verre mince en dessus. On fait alors tourner le plateau d'une main, pendant que, de l'autre, on abaisse avec précaution la traverse portant le diamant, (un simple petit éclat de diamant. — Voir chapitre Ier), et l'on détermine de cette façon, dans la lame mince, une fente circulaire et au besoin, en employant la tournette de vitrier, une fente elliptique, circonscrivant un *cover* dont les dimensions sont réglées par la position donnée au diamant sur la traverse. Cela fait, on déplace le verre à vitre sur le plateau, en se guidant sur les cercles ou les ellipses marqués à l'avance au centre du plateau, de manière à pouvoir tracer un second *cover* à côté du premier, et ainsi de suite, jusqu'à ce que la feuille de verre mince soit entièrement découpée en morceaux conservant d'ailleurs

[1] Ne pas confondre avec le verre mince ou extra-mince dont on a parlé pour les slides.

entre eux une certaine adhérence. Si au lieu de produire *presque sans bruit* dans le verre une *fente* étroite et brillante, le diamant traçait *avec bruit* une ligne peu profonde, large, *blanche* et remplie de verre en poudre, cela indiquerait, comme nous l'avons déjà dit à propos du découpage des slides, que la position du diamant est défectueuse, et on devrait la modifier en faisant tourner plus ou moins le petit support en métal dans lequel il est fixé, jusqu'à ce qu'on ait donné au diamant *l'orientation* convenable. Les défauts d'orientation se font sentir surtout quand on coupe des *covers* un peu épais ; c'est donc en se servant d'une lame de verre relativement épaisse que l'on cherchera à régler cette orientation.

La lame de verre mince une fois couverte, dans toute son étendue, de cercles ou d'ellipses, tracés par le diamant, on la fait glisser sur le verre à vitre pour l'en détacher après avoir, si l'adhérence est trop forte, introduit par capillarité un peu d'eau entre les deux lames, et l'on sépare avec précaution les *covers* les uns des autres, en enlevant tous les petits fragments de verre qui les réunissent et en procédant de la périphérie au centre.

Si l'on cherche à faire cette opération avec une pince en métal, on s'expose à avoir beaucoup de déchets. Il vaut mieux prendre l'habitude de la faire uniquement avec les doigts. On tient la lame de verre de la main gauche, et on cherche avec les doigts de la main droite quelles sont les parties qui offrent le moins de résistance ; on les détache successivement. Quand une portion du bord résiste, on cesse un instant de s'en occuper, on détache les parties voisines, et, de proche en proche, on parvient ainsi à isoler sans difficulté les *covers* en apparence les plus rebelles. Si l'on n'est pas trop pressé, il y a avantage à laisser reposer pendant 24 heures la feuille découpée et à l'exposer à des changements de température assez brusques, entre la température d'une cave, par exemple, et la température d'une chambre chauffée, ou celle qui résulte d'une exposition en plein soleil. Dans ce cas, les traits de diamants insuffisamment marqués finissent par déterminer des fentes profondes, et au bout de 24 heures, les *covers* se détachent avec la plus grande facilité et sans déchet.

Lorsque, pendant le découpage, une fente se manifeste dans la portion non découpée et menace de se propager sur toute l'étendue de la lame de verre, on l'arrête dans sa marche en traçant un *cover* à son extrémité.

Quand on emploie la tournette de M. Cornu, le procédé doit être légèrement modifié, puisque alors c'est le diamant qui se meut tandis que le verre reste immobile. Voici comment on opère : on enlève les valets destinés à maintenir le *slide* et qui sont inutiles ; on place la lame de verre mince sur la plaque de caoutchouc et on la maintient d'une main ; de l'autre, on abaisse progressivement le diamant de façon à ce qu'il vienne toucher le verre en rasant. On trace le cercle tout d'une traite (mais lentement) ; le petit diamètre du bouton fileté de l'axe permet de lui faire faire une révolution entière entre les doigts sans temps d'arrêt. Quand on tourne trop vite, le diamant coupe moins bien.

Enfin nous ajouterons que les personnes qui n'ont pas à leur disposition l'une des trois tournettes dont nous venons de parler peuvent néanmoins découper leurs *covers*, à l'aide d'un *patron* et du diamant à écrire. Le patron consiste soit en une rondelle de métal bien plane et un peu épaisse, à pourtour bien lisse, soit en une plaque métallique plus large, dans laquelle on a fait percer un trou rond, à parois bien régulières et bien polies. On fixe, avec de l'eau ou de la salive, la feuille de verre mince sur une feuille de verre à vitre placée à plat sur une table ; on pose dessus le patron, que l'on maintient en place de la main gauche, et, avec le diamant à écrire, tenu bien verticalement, on coupe en suivant le contour extérieur ou intérieur du patron. Un premier cercle étant tracé, on déplace le patron ; on trace un second cercle à côté du premier, et ainsi de suite ; après quoi on procède, pour détacher les *covers*, de la façon indiquée plus haut.

Avant de faire agir le diamant à écrire, il faut chercher dans quel sens il coupe le mieux, et marquer sur le manche un point de repère indiquant quelle est la partie de la monture qui doit être appliquée contre le patron pour que la coupe se fasse bien. Il est d'ailleurs évident que cette partie doit toujours rester en contact avec le patron, pendant qu'on fait marcher le diamant ; il faut donc faire accomplir au manche de celui-ci une révolution entière entre les doigts, pendant qu'on lui fait parcourir un cercle complet le long des bords du patron.

Nous avons expérimenté ce procédé plusieurs fois, mais avec un succès médiocre ; nous ne l'indiquons que comme pis-aller.

VI

SOINS A DONNER AUX COVERS

Une fois découpés, les covers sont jetés dans un vase plein d'eau, où on les laisse séjourner une heure ou deux, après quoi on les retire et on les essuie, opération délicate et dans laquelle, si l'on n'y prend garde, on en brise un grand nombre.

Comme le verre mince est fréquemment couvert d'une couche très-légère et très-difficile à enlever d'un corps gras, il est préférable de plonger les covers après leur découpage, dans de l'alcool à 40°, de les y laisser quelque temps, puis de les essuyer. Quand on doit les employer au bout de quelques heures ou de quelques jours, il est bon de ne pas les sortir à l'avance de l'alcool ou de l'eau. On peut d'ailleurs les conserver indéfiniment dans l'alcool ordinaire (à 30° ou 35°), d'où on ne les retire qu'à l'instant où l'on veut s'en servir. C'est seulement alors qu'on les laisse sécher et qu'on les essuie; car l'essuyage, à cause des déchets qu'il entraîne, doit être répété le moins grand nombre de fois possible. Ajoutons que les *covers* ne doivent être essuyés qu'avec un linge très-fin.

La surface des *covers* s'altère quelquefois spontanément, et se ternit. D'autres fois le verre en feuilles, tel qu'il est livré par le marchand, présente une teinte blanchâtre. Ces altérations sont superficielles ; on les fait disparaître par un lavage rapide à l'acide sulfurique très-étendu (1 partie d'acide, 10 parties d'eau). Si ce lavage ne suffisait pas, on ferait bouillir les *covers* dans l'acide azotique, et on les laverait ensuite à l'eau distillée ; puis on les placerait, pour les conserver, dans l'alcool ordinaire.

CHAPITRE III

DES CELLULES

Les cellules sont de deux sortes, savoir : les cellules *minces*, qui sont les plus employées, et les cellules *épaisses* ou *profondes*.

I

CELLULES MINCES

Les cellules minces peuvent être faites de différentes matières, telles que le bitume de Judée additionné de mixtion des doreurs, le mastic noir des Allemands (*schwarzer Maskenlack*, n° 3), la cire à cacheter dissoute dans l'alcool, le blanc de céruse préparé pour la peinture à l'huile, etc. ; nous ne nous servons que des deux premières de ces substances ; la seconde surtout, le mastic noir, donne d'excellents résultats. Son seul inconvénient est de ne pouvoir être employée pour les cellules destinées à contenir un liquide renfermant une proportion un peu considérable d'alcool. Le mastic noir se trouve tout préparé dans le commerce[1].

[1] Chez M. Beseler, fabricant, à Berlin (Prusse), Schützenstrasse, 66.

Le bitume additionné de mixtion des doreurs se prépare ainsi qu'il suit :

On prend un morceau de bitume de Judée ou de bitume d'usine à gaz (faux bitume de Judée), qu'on trouve chez tous les droguistes ; on le pulvérise aussi fin que possible avec un marteau ou un avec pilon, et, après avoir grossièrement tamisé la poudre obtenue, on la met dans un vase de fer-blanc. On l'additionne d'essence de térébenthine en quantité suffisante pour l'imbiber et la recouvrir entièrement. On chauffe légèrement sur un feu de charbon ne donnant aucune flamme (condition requise pour éviter l'inflammation de l'essence) et on remue avec une spatule jusqu'à ce que la poudre de bitume et l'essence de térébenthine ne fassent plus qu'une masse visqueuse bien homogène. On ajoute, par tâtonnement, la quantité d'essence nécessaire pour que l'ensemble, après refroidissement, ne se prenne pas en masse, mais conserve la consistance d'un sirop épais. On mélange ensuite avec un volume égal de mixtion des doreurs, sorte de vernis que l'on trouve chez tous les marchands de couleurs, et le bitume est prêt à être employé. On le place pour le conserver dans un flacon à large col, bouché avec un bouchon de liége, et on en met seulement à part une petite quantité pour l'usage courant.

On peut acheter toute faite, chez les marchands de couleurs, la dissolution de bitume de Judée dans l'essence. Il ne reste plus qu'à l'additionner de mixtion des doreurs. Il faut seulement avoir soin de ne pas confondre cette dissolution, qui est toujours épaisse, avec la préparation connue sous le nom de *vernis du Japon*, ordinairement beaucoup plus fluide, et dont l'emploi doit être rejeté, parce qu'elle se ride en séchant et donne de mauvais résultats.

Pour éviter les dangers que présente la manipulation de l'essence de térébenthine au voisinage du feu, on pourrait, croyons-nous, la remplacer avec avantage par la benzine, qui dissout le bitume à froid ; mais nous ne donnons cette indication que sous toutes réserves, parce que nous n'avons pas personnellement expérimenté ce nouveau dissolvant.

Pour faire une cellule mince, on fixe un *slide* sur la tournette (tournette des vitriers, tournette de M. Hartnack ou tournette anglaise) avec les petits *valets* disposés à cet effet ; on fait tourner le plateau, et on abaisse la traverse portant un pinceau préalablement trempé dans le bitume ou le mastic noir, ou bien on approche de la bande de verre ce pinceau tenu à la main. Après quelques tours de plateau, la cellule est tracée ; on la charge d'une nouvelle quantité de bitume ou de mastic, et on la place à l'abri de la poussière dans une position horizontale pour la laisser sécher. Quand elle est sèche (au bout de 10 ou 12 heures), on doit la remettre sur la tournette pour la recharger encore une fois, à moins qu'elle ne soit destinée à renfermer des objets d'une très-faible épaisseur. Il est même nécessaire, dans certains cas, de donner une troisième couche à la cellule, afin d'en proportionner l'épaisseur à celle de l'objet à préparer ; car ce qu'il faut avant tout éviter dans une préparation, c'est que l'objet ne se trouve comprimé entre le *slide* et le *cover*, parce que *la compression déforme les tissus et produit des replis* qui peuvent être pris pour des détails d'organisation et amener de graves erreurs. La profondeur de la cellule doit donc être un peu plus considérable que l'épaisseur de l'objet qu'elle est destinée à contenir.

La bande annulaire de bitume ou de mastic qui constitue la cellule doit présenter, entre le cercle intérieur et le cercle extérieur, une largeur de deux ou trois millimètres.

Quand on emploie la tournette des vitriers ou celle de M. Hartnack, dans lesquelles le pinceau fait partie intégrante de la machine, il y aurait une perte de temps considérable à le démonter chaque fois qu'il a besoin d'être trempé dans le bitume ou le mastic. Aussi, quand on veut recharger le pinceau, on se contente de relever un peu la traverse à laquelle il est assujetti, et on en approche, jusqu'à ce qu'il y plonge suffisamment, le vase qui renferme le bitume ou le mastic, et qui doit être de très-petite dimension, afin que le maniement en soit plus facile. Un petit pot à pommade remplit très-bien le but.

Quand on a terminé le nombre de cellules dont on a besoin, on ferme le vase au bitume avec un couvercle ou un glace rodée, de manière à empêcher l'évaporation de l'essence de térébenthine. Si, malgré cette précaution, le bitume devient à la longue trop épais, on lui rend sa fluidité par l'addition d'une quantité convenable d'essence. Si c'est le mastic noir qu'on emploie pour les cellules, c'est de l'alcool et non de l'essence qu'il faut ajouter dans ce cas. On reconnaît que le bitume ou le mastic sont devenus trop épais quand ils sont *filants* et que, pendant le mouvement de la tournette, le pinceau en laisse échapper de petites portions qui, sous forme de minces filaments, viennent s'étaler dans l'intérieur de la cellule en voie de confection, ou sur le *cover* de la cellule que l'on veut fermer.

Pour faire une cellule avec la tournette de M. Cornu, on doit employer un mouvement de rotation plus lent qu'avec les autres tournettes. Le pinceau doit être dur;

on dépose le vernis à l'aide d'une tige grêle vers le sommet du pinceau de façon à ce qu'il coule successivement le long du manche. Le *slide* est maintenu par deux valets. La position qu'il doit occuper est repérée par les cercles tracés sur la lame de caoutchouc. L'opération se divise en deux parties :

1re *partie*. — Le pinceau doit être peu chargé de vernis. On l'abaisse en tournant, de façon que l'extrémité vienne toucher en rasant le *slide* placé en dessous. On décrit alors un cercle de vernis, mais on ne fait ainsi qu'indiquer, ébaucher la cellule.

2e *partie*. — On ajoute sur le pinceau une plus grande quantité de vernis, toujours vers la partie supérieure ; il ne doit jamais se rassembler en goutte à l'extrémité, mais couler doucement le long du manche. On abaisse alors le pinceau tout en tournant d'un mouvement uniforme jusqu'à ce que le vernis se dépose sur le cercle déjà tracé. Le pinceau ne doit pas toucher le verre ; sans cela il balayerait le vernis et le rejetterait à droite et à gauche. En le soulevant un peu, une goutte le réunit à la lame et, si l'on fait mouvoir l'axe lentement, le vernis se dépose régulièrement. Avec un peu d'habitude, on achève la cellule en deux fois ; on peut ainsi en faire 60 à l'heure.

II

CELLULES ÉPAISSES

Les cellules *épaisses* ou *profondes* s'obtiennent en fixant, sur les *slides*, des anneaux, ronds ou elliptiques, taillés dans des feuilles d'étain[1] ou de gutta-percha[2], plus ou moins épaisses suivant la profondeur que l'on veut donner aux cellules[3]. Ces anneaux sont taillés d'un seul coup, à l'aide d'un emporte-pièce double, c'est-à-dire à deux lames concentriques[4]. On place la feuille à découper sur un bloc en bois *debout*, on y pose la lame de l'emporte-pièce et on frappe sur le manche avec un maillet ; après quoi l'anneau détaché est chassé à l'aide d'une goupille que l'on introduit dans un trou percé à cet effet sur le côté de l'emporte-pièce.

Les anneaux en étain doivent être aplanis et redressés après le découpage ; car ils sont toujours un peu déformés à leur sortie de l'emporte-pièce.

Pour les fixer au *slide*, on trace sur celui-ci un large cercle de bitume ou de mastic, d'un diamètre extérieur plus grand et d'un diamètre intérieur un peu plus petit que les diamètres correspondants de l'anneau à coller ; on dépose cet anneau sur le cercle encore frais, et on pose sur l'anneau un petit morceau de verre à vitre. On place le tout dans une des presses qui seront indiquées plus loin ; l'anneau, ainsi pressé entre deux lames de verre, se colle à celle qui a reçu préalablement une couche de mastic ou de bitume. Au bout de quelques heures, la dessiccation du mastic ou du bitume est suffisante ; on enlève le *slide* de la presse, on garnit l'anneau formant la cellule avec du

---

[1] Étain en feuilles de toute épaisseur, chez M. Lambert, rue Volta, 33, et rue Borda, 1, à Paris.

[2] Gutta-percha en feuilles de toute épaisseur, chez M. Leverd, rue du Faubourg-Saint-Martin, 218, à Paris.

[3] En Allemagne et en Angleterre, on emploie aussi les anneaux en verre ; nous avons renoncé à ce procédé, qui est coûteux et peu commode à mettre en pratique.

[4] Emporte-pièces fabriqués sur commande, chez M. Cartier, mécanicien rue de Bondy, 76, à Paris.

bitume ou du vernis sur toute la surface et sur les côtés, et on laisse sécher.

On préfère ordinairement aux anneaux en étain ceux de gutta-percha, qui sont en effet plus commodes à employer, surtout à cause de la facilité que présente leur découpage. Pour fixer un anneau en gutta-percha sur un *slide*, on commence par placer ce dernier sur une feuille épaisse de laiton ou d'autre métal, supportée par un trépied et chauffée à l'aide d'une petite lampe à alcool, ou mieux encore sur la table métallique dont il sera parlé plus loin pour la préparation des diatomées. Un anneau de gutta-percha, posé sur cette lame de verre légèrement chauffée, s'y attache de suite, quand on exerce une pression modérée, à l'aide d'une plaque de verre ou de métal préalablement mouillée. Les cellules préparées par ce procédé sont ensuite, quand le *slide* est refroidi, garnies de bitume ou de vernis, comme celles en étain.

Lorsque la première couche de mastic ou de bitume appliquée sur les anneaux en gutta-percha ou en étain est suffisamment sèche, on en applique une seconde couche. Après nouvelle dessiccation, les cellules sont bonnes à être employées pour les préparations *transparentes*, destinées à être examinées par *transparence*, à l'aide de la lumière fournie par le miroir placé à la partie inférieure du microscope. Quand on destine au contraire les cellules profondes à la conservation d'objets opaques, desséchés, pouvant se conserver *à sec* dans ces cellules, sous le simple abri d'une lamelle de verre mince, il est évident qu'en raison de l'opacité de ces objets, l'éclairage devra leur être fourni, non par un miroir placé au-dessous, mais par une loupe placée au-dessus et concentrant sur eux la lumière diffuse ; il faut alors garnir, à l'aide de la tournette anglaise ou à la main, le fond des cellules d'une couche de blanc de céruse, préparé à l'huile et tel que le vendent les marchands de couleurs sous les noms de blanc d'argent ou blanc de plomb. Pour la préparation des objets dont la couleur est très-claire et se rapproche du blanc, il y a avantage à remplacer la couche de blanc de céruse par une couche de bitume ou de mastic noir.

Lorsque la cellule mince ou profonde a reçu l'objet à préparer et qu'elle a été recouverte de son *cover* par le procédé que l'on fera connaître ultérieurement, la tournette est de nouveau mise en réquisition pour l'application d'un cercle de bitume ou de mastic couvrant à la fois le bord extérieur de la cellule et le bord du *cover*. Ce cercle, après sa dessiccation, est chargé de nouveau de bitume ou de mastic, comme l'a été la cellule primitive elle-même ; c'est lui qui consolide la préparation et s'oppose à l'évaporation du liquide qu'elle renferme.

Cette dernière opération doit être faite avec beaucoup de soin ; sinon le liquide conservateur contenu dans la cellule s'évapore à la longue, et la préparation est perdue. Ce n'est quelquefois qu'au bout de plusieurs mois que l'évaporation commence à produire des effets visibles ; si l'on s'en aperçoit, on arrête le mal de suite, en apposant une nouvelle couche de bitume.

CHAPITRE IV

On peut diviser les préparations en trois catégories :

1° Les préparations dans lesquelles l'objet à conserver est déposé au sein d'un liquide placé dans la *cellule;*

2° Les préparations dans lesquelles l'objet est placé dans un milieu visqueux, susceptible de durcir ;

3° Les préparations à sec.

I

PRÉPARATIONS DANS UN LIQUIDE

Les préparations de la première catégorie sont les plus employées. Voici quelle est, à notre avis, la meilleure manière de les faire :

On prépare à l'avance, soit par la dissection, soit par la réduction en tranches minces ou par tout autre procédé, suivant les cas, les objets à conserver, et on les place dans un des liquides conservateurs dont la formule est donnée au chapitre V, ci-après. On emploie à cet effet un petit flacon ou tout autre vase pouvant être hermétiquement bouché, et on y laisse séjourner pendant quelques jours les objets et le liquide qui les baigne. Cette opération préliminaire permet d'apprécier, par un examen au microscope, l'action du liquide conservateur sur les objets avant leur mise en *cellule*, et de choisir seulement ceux que cette action n'a pas altérés. On peut d'ailleurs conserver indéfiniment les flacons et leur contenu, et lorsqu'on s'occupe d'une manière suivie de préparations microscopiques, on ne tarde pas à avoir une nombreuse collection de ces flacons, collection dans laquelle on peut puiser, au fur et à mesure des besoins, de précieux matériaux, tout prêts à être employés.

Nous renvoyons, en outre, pour les coupes faites au microtome, aux explications données à la fin du chapitre Ier.

Après avoir ainsi séjourné pendant un ou plusieurs jours dans un liquide approprié à leur nature, les objets en sont ordinairement bien pénétrés dans toutes leurs parties. Il est cependant des tissus, le tissu médullaire par exemple, qui se laissent difficilement pénétrer par les liquides, et qui retiennent, dans leur intérieur, de nombreuses bulles d'air qui gâteraient complétement les préparations et en rendraient l'observation microscopique difficile ou impossible. Avec de pareils tissus, il faut avoir recours, pour expulser les bulles d'air, à un liquide d'une puissance pénétrante plus grande, dont la formule est donnée au chapitre v, sous le n° 4. Ce liquide peut être employé en outre dans bien des cas, comme liquide conservateur; mais ordinairement on lui substitue un autre liquide, lors de la mise en cellule des objets dont il a expulsé les bulles d'air.

Pour la mise en cellule, on puise avec une baguette de

verre, ou *agitateur*, une goutte du liquide conservateur
sur lequel on a fixé son choix ; on étale cette goutte au
fond de la cellule et on enlève ensuite, au besoin, avec du
papier buvard, le liquide excédant la quantité strictement
nécessaire pour mouiller le fond de la cellule. On étale
alors, sur ce fond légèrement mouillé, l'objet à préparer,
qui y adhère par capillarité, ce qui l'empêchera de se déplacer lorsqu'on appliquera le *cover*. Si cet objet consiste
en une tranche mince et plus ou moins large de tissu végétal, on s'assure qu'elle ne forme pas de replis, et qu'elle
ne retient aucune bulle d'air à sa face inférieure.

On saisit ensuite par le bord, avec une pince à mors
fins, un *cover* bien nettoyé, d'une dimension intermédiaire
entre le diamètre intérieur et le diamètre extérieur du
cercle qui circonscrit la cellule ; on le maintient dans une
position horizontale, et, avec la main restée libre, on dépose à sa surface supérieure une forte goutte de liquide,
puis, par un mouvement prompt, mais sans secousse, et
qui exige une certaine adresse, on le retourne sens dessus
dessous. Si l'on agit avec la dextérité convenable, la
goutte de liquide reste adhérente au *cover* pendant ce
mouvement de retournement, et elle demeure suspendue
à sa face inférieure. On abaisse le *cover*, toujours tenu dans
la position horizontale, sur la cellule, de façon que
le milieu de la goutte liquide qu'il porte vienne toucher le milieu de la préparation ; on incline le *cover*
du côté opposé au mors de la pince et on l'amène au contact du cercle de bitume ou de vernis et, enfin, on le laisse
doucement retomber, en veillant à ce que le liquide s'é-
tale bien et remplisse toute la cellule sans y retenir de
bulles d'air. Si l'on s'aperçoit, en abaissant le *cover*, que
la quantité de liquide est insuffisante, on en ajoute un

peu avec l'agitateur, par le bord du *cover* et avant que celui-ci ne soit tout à fait appliqué sur la cellule.

Un autre procédé, que nous avons adopté depuis peu de temps et qui nous paraît préférable, est celui-ci :

L'objet à préparer ayant été déposé dans la cellule avec les précautions indiquées plus haut, on saisit le *cover* avec la pince, et au lieu de déposer une goutte de liquide conservateur à sa face supérieure, on mouille sa face inférieure en la mettant légèrement en contact avec la surface du liquide conservateur placé dans une soucoupe ou tout autre récipient large et peu profond. On enlève ainsi une goutte de ce liquide, qui adhère à la partie inférieure du cover, lequel est ensuite déposé sur la cellule suivant le procédé ordinaire.

Le *cover* étant en place, il faut le faire adhérer solidement au cercle de la cellule au moyen d'une forte pression. Dans ce but, on dépose sur lui un morceau de verre, d'une forme quelconque, mais d'une surface plus grande que la sienne, et choisi, non parmi les déchets provenant du découpage des bandes à préparation, qui sont trop minces et trop fragiles, mais parmi des débris de fort verre à vitre. Ce morceau de verre doit être bien plan et exempt de défauts, de manière que sa surface inférieure s'applique exactement sur la surface supérieure du *cover*. On place le tout dans une presse de construction spéciale, composée d'un plateau en bois, sur lequel sont fixées, de distance en distance, de fortes bandes d'acier faisant ressort, d'un décimètre environ de longueur, vissées au plateau par une de leurs extrémités, tandis que l'autre extrémité, destinée à exercer la pression, est munie d'un bouton à l'aide duquel on peut la soulever[1]. On

---

[1] Chez M. Bouisson, ébéniste, rue Saint-Victor, 90. — Prix d'une presse,

glisse la préparation sous l'un des ressorts, et on laisse agir.

On comprend que le ressort, s'il pressait directement sur le *cover*, le briserait infailliblement, tandis que, agissant seulement sur le verre épais placé au-dessus, il exerce indirectement sur ce même *cover* une pression très-forte, et qui ne le brise pas, parce qu'elle est également répartie sur toute la portion du *cover* portant sur le cercle de la cellule. Après un séjour plus ou moins long dans la presse (quelques minutes ou quelques heures, suivant le degré de sécheresse du bitume ou du vernis), le *cover* est fixé à la cellule, assez solidement pour permettre de laver la préparation dans un vase plein d'eau, soit en passant à sa surface un gros pinceau en blaireau, semblable à ceux employés pour le lavis ou la peinture à l'aquarelle, soit en agitant simplement la préparation dans l'eau. Il ne reste plus qu'à laisser sécher et à mastiquer, à la tournette, le *cover* sur la cellule, ainsi qu'il a été dit à la fin du chapitre III.

On peut remplacer la presse dont nous venons de parler, par une de ces petites presses en bois, connues sous le nom d'*épingles américaines*, et dont se servent les photographes pour suspendre leurs papiers photographiques et les faire sécher après les différents lavages auxquels on les soumet. Toutefois, ces presses sont peu énergiques, et elles ne donnent de bons résultats qu'avec des cellules récemment chargées de bitume ou de vernis, et encore un peu visqueuses. Ces presses se vendent, chez les quincailliers et les marchands d'accessoires pour la photographie, au prix de 1 franc la douzaine. Avant de les

munie de 16 ressorts et permettant, par conséquent, d'opérer sur 16 préparations à la fois : 5 francs.

employer, il faut rétrécir au tiers de sa largeur l'une de leurs mâchoires, en enlevant un peu de bois à droite et à gauche avec un couteau. La mâchoire rétrécie est celle qui se place au-dessus de la cellule ; grâce à ses faibles dimensions, elle ne porte que sur la partie centrale de la préparation, et la pression qu'elle exerce se répartit régulièrement sur toute la périphérie du cercle de bitume ou de mastic.

Nous avons indiqué plus haut comment on doit opérer pour empêcher l'objet à préparer de se déplacer dans la cellule, au moment où l'on pose le *cover*. Dans certains cas, on est obligé de recourir à un moyen plus efficace, et de coller en quelque sorte l'objet au fond de la cellule, avant de le recouvrir du liquide conservateur et du *cover* ; cela est nécessaire surtout lorsqu'une préparation doit contenir plusieurs objets placés à une certaine distance les uns des autres, et qui ne manqueraient pas, sans cette précaution, de se rapprocher et de s'enchevêtrer au moment où l'on couvrirait la cellule. On se sert, pour ce collage préliminaire, du liquide dont la formule est donnée sous le n° 7 (chapitre V) ; on étale les objets au fond de la cellule, on laisse tomber sur eux une goutte du liquide en question et on laisse épaissir pendant vingt-quatre heures à l'abri de la poussière, avant d'ajouter le *cover* et le liquide conservateur. Nous devons prévenir que ce procédé ne donne de bons résultats qu'avec les tissus peu délicats, sur lesquels les phénomènes d'endosmose et d'exosmose n'ont qu'une faible action.

Nous terminerons ce paragraphe par la description d'un procédé de préparation simplifiée qui peut rendre des services quand on est en voyage et qu'on n'a à sa disposition qu'un outillage restreint. Il faut employer dans ce cas un vernis qui soit élastique, quand il est à moitié sec : on emploie avec succès du vernis à l'alcool obtenu en faisant dissoudre de la cire à cacheter d'excellente qualité dans de l'alcool à 56°. Il doit avoir une consistance sirupeuse ; il faut de plus qu'il ne reste pas mou, après avoir séché pendant plusieurs jours.

On prépare des cellules très-épaisses et on s'en sert vingt-quatre heures après leur confection ; le vernis doit être encore très-mou ; il doit céder très-aisément sous la pression d'une pointe.

On place l'objet à préparer au centre d'une grosse goutte du liquide conservateur déposé à l'avance dans l'intérieur de la cellule. On place ensuite le cover.

Ce dernier doit dépasser faiblement le contour interne de la cellule ; on établit l'adhérence en pressant dessus avec l'extrémité d'un cylindre de bois coupé bien net, avec un crayon par exemple. Le diamètre du cylindre de bois doit être un peu inférieur à celui du *cover*. On presse bien régulièrement sans faire glisser le *cover*. Le vernis est déjeté sur les bords extérieurs de la cellule, il y forme un gros bourrelet. Quand on abandonne ensuite la préparation à elle-même, le vernis déjeté revient par élasticité ; il mouille le contour du *cover* et se répand un peu sur la face supérieure ; il y forme un rebord étroit, mais qui dispense de border. Après deux jours de dessiccation la préparation doit se trouver suffisamment consolidée. Avant de l'abandonner à elle-même, il sera bon de la plonger quelques instants dans de l'eau distillée, afin d'enlever le liquide conservateur, qui pourrait sécher sur le cover et le tacher.

La préparation bien réussie doit être parfaitement régulière et présenter un bourrelet saillant sur toute sa périphérie. Cette méthode dispense de l'emploi de pinces et de presses pour établir l'adhérence du cover avec la cellule ; mais elle est un peu délicate et exige de l'adresse.

I I

PRÉPARATIONS DANS UN MILIEU SOLIDIFIABLE

Les préparations de la seconde catégorie, dans lesquelles l'objet est placé dans un milieu visqueux, susceptible de durcir, sont destinées le plus ordinairement à la conservation des bois durs et secs. Jusqu'à ces derniers temps, on n'a guère employé pour ces préparations que le baume du Canada. On débite le bois en tranches minces, soit avec un tranchoir tenu à la main, soit avec un *microtome*; on plonge les tranches dans l'alcool concentré, qu'on renouvelle au moins une fois, et d'où on les retire au bout de quelques jours pour les mettre dans l'huile de pétrole ou l'essence de térébenthine. Après deux ou trois jours d'immersion dans l'un de ces deux derniers liquides, les tranches sont suffisamment pénétrées pour rendre facile l'accès du baume dans les parties les plus profondes de leurs tissus. On peut alors mettre la dernière main à leur préparation. On prend une bande de verre, on dépose au milieu une certaine quantité de baume du Canada ; on chauffe à la lampe à alcool, mais très-légèrement et juste assez pour que le baume, ayant perdu une partie de son huile essentielle, puisse se solidifier par le refroidissement. L'expérience seule peut faire connaître le point précis auquel il faut s'arrêter pour obtenir ce résultat. On dépose la tranche de bois dans le baume encore chaud et fluide, lequel doit la pénétrer et venir s'étaler à sa face supérieure ; on dépose le *cover*, on appuie avec le doigt garni d'un linge, et la préparation est faite. On enlève avec un grattoir l'excédant de baume, quand le refroidissement l'a rendu cassant, et on lave avec un linge imbibé d'alcool.

Les manipulations que nous venons de décrire sommairement ont été modifiées avantageusement par plusieurs opérateurs. En nous inspirant des divers procédés publiés, et après nous être livrés à un assez grand nombre d'expériences, nous avons fini par adopter la marche suivante, qui nous paraît la meilleure et la plus facile :

On chauffe au bain-marie, dans une capsule de verre ou de porcelaine, une certaine quantité de baume du Canada. L'huile essentielle qu'il renferme s'évapore en grande partie, et l'on pousse l'opération jusqu'à ce qu'une goutte, déposée avec une baguette de verre sur un marbre ou une lame de verre froide, devienne tout à fait dure par le refroidissement. On puise alors le baume goutte à goutte avec cette baguette de verre ; chaque goutte est placée isolément sur le marbre ou la feuille de verre, où elle s'étale en formant une sorte de pastille. Quand le refroidissement de toutes les pastilles est complet, on les détache et on les examine une à une par transparence. Celles qui renferment des bulles d'air sont mises de côté pour être refondues ; les autres sont placées ensemble dans une boîte, pour être conservées à l'abri de la poussière. C'est M. de Brébisson qui a, croyons-nous, indiqué le premier cette manière de traiter le baume du Canada.

Une fois qu'on est muni de cette provision de *baume sec*, rien de plus facile que de réussir une préparation. On se munit d'une petite table en laiton, composée d'une planche carrée de ce métal, épaisse de 4 ou 5 millimètres, large de 12 ou 15 centimètres, et portée sur des pieds assez hauts pour permettre de placer au-dessous une lampe à alcool à très-petite flamme[1]. On chauffe jusqu'à ce que la température dépasse le degré que la main peut supporter ; mais on s'arrange, en réglant la flamme, de manière à ne pas aller beaucoup au delà. On prend alors un *cover*, on y dépose un objet préparé à l'alcool et au pétrole, ou à l'essence, comme il a été dit. On enlève le plus possible de liquide avec du papier buvard et on laisse tomber sur l'objet une large goutte de *vernis à tableaux*, aussi peu coloré que possible. On a disposé à l'avance le *cover* sur une bande de verre, afin de pouvoir le changer de place et le transporter sans y toucher, quand il est couvert de vernis liquide ; on soulève alors avec précaution cette bande de verre et on la dépose, avec le *cover* qu'elle supporte, sur la table de cuivre chauffée. Le vernis se concentre par l'évaporation ; on retire de temps en temps pour laisser refroidir, et on pique chaque fois le bord de la goutte de vernis avec une aiguille pour constater le degré de dureté qu'il acquiert par le refroidissement. Si le vernis refroidi est encore mou, on le chauffe de nouveau, jusqu'au moment où, après complet refroidissement, l'aiguille y pénètre difficilement, mais sans produire d'éclats. On place alors un *slide* bien propre sur la table de cuivre ; on dépose au centre une pastille de baume sec, dont la grosseur est proportionnée aux dimensions du *cover*. On pose celui-ci, la face vernie en dessous, en équilibre sur le globule de baume, qui ne tarde pas à fondre ; on presse légèrement avec un cylindre de moelle

---

[1] M. Vérick vend des tables de cette espèce au prix de 8 ou 10 francs.

de sureau ou simplement avec le manche d'un scalpel, jusqu'à ce que la nappe de baume, en s'étalant entre le *slide* et le *cover*, atteigne partout la circonférence de celui-ci. On retire alors le *slide* de la table de cuivre, on laisse refroidir et la préparation est faite.

Si l'on a bien opéré, et si l'on a choisi une pastille de baume d'une grosseur convenable et bien exempte de bulles d'air, la préparation doit être parfaite, et pas une parcelle de baume ne doit saillir au dehors. Il ne reste plus qu'à numéroter le *slide* dans un des coins avec le diamant à écrire, en attendant qu'on y appose une étiquette.

Cette méthode peut s'appliquer également avec avantage à la préparation des diatomées (préalablement calcinées ou traitées par l'acide azotique bouillant additionné de chlorate de potasse).

Enfin, la même méthode peut être appliquée aux moucherons, charançons, aux acarus, etc. Nous n'avons pas à nous étendre ici sur la préparation de ces petits êtres, puisqu'ils ne sont pas du domaine de la botanique; nous dirons seulement que l'emploi du vernis à tableaux permet de les arranger à loisir, d'en étaler convenablement toutes les parties, et qu'on doit sécher le vernis à une chaleur qui ne dépasse pas celle que la main peut supporter. C'est pendant cette dessiccation qu'il faut, avec la pointe d'une aiguille, donner les derniers soins à l'arrangement de l'objet.

On voit que ce mode de préparation n'exige pas l'emploi de la tournette.

Pour les objets que la chaleur pourrait altérer, on remplace le baume du Canada par un mélange dont la composition est donnée sous le n° 8 du chapitre V. Les objets, au lieu d'être préalablement traités par l'alcool et l'essence de térébenthine ou le pétrole, sont plongés pendant vingt-quatre heures dans le liquide n° 4, chapitre V, et ensuite dans le liquide n° 1, pendant un temps au moins égal. On les laisse d'ailleurs dans ce dernier liquide jusqu'au moment où on veut les préparer. Pour ce faire, on retire les objets du flacon qui les contient et l'on en choisit un que l'on égoutte avec du papier buvard. On dépose sur un *slide* une goutte du mélange n° 8, préalablement fondu au bain-marie, et on y place l'objet bien égoutté. On le recouvre avec un *cover* à la surface inférieure duquel on a étalé une goutte du même mélange; on appuie légèrement sur le *cover* et l'on pose sur lui un petit poids d'une vingtaine de grammes et d'un diamètre inférieur à celui du *cover*. On n'a plus alors qu'à placer la préparation sur une table ou un rayon et à attendre la solidification, laquelle s'opère en peu de temps. Il faut en surveiller les progrès et ajouter, si cela est nécessaire, un peu de liquide chaud sur les bords du *cover*, dans les endroits où l'air tend à pénétrer par suite du retrait produit par le refroidissement.

III

PRÉPARATIONS A SEC

Les préparations à sec sont les plus faciles à faire. Il y en a de deux sortes : les préparations transparentes et les préparations opaques.

Les premières ne sont guère employées, en ce qui concerne le règne végétal, que pour les valves siliceuses des diatomées. On saupoudre très-légèrement un *cover* avec cette poussière blanche, étincelante, que constituent les valves de diatomées quand elles sont complétement dépouillées de toute matière étrangère par la calcination ou par l'ébullition dans l'acide azotique additionné de chlorate de potasse, ou bien on laisse sécher sur ce *cover* une goutte d'eau distillée contenant des diatomées en suspension; on place le *cover*, la face saupoudrée *en dessous*, sur une cellule mince; on met en presse et on mastique à la tournette.

Les préparations de diatomées *à sec*, telles que nous venons de les décrire, ont moins bonne apparence que celles faites au baume du Canada et dont nous avons parlé plus haut, à moins que les valves ne soient absolument exemptes de tous corps étrangers et qu'on ne les ait complétement débarrassées de la matière végétale qu'elles renfermaient. Ces préparations à sec sont néanmoins indispensables pour l'étude de certaines stries très-délicates que le baume rend beaucoup moins visibles, ou même fait disparaître entièrement.

Les préparations opaques se font dans des cellules profondes, dont le fond est garni de blanc de céruse, de vernis noir ou de bitume (voir chapitre III). On colle l'objet à préparer, bien sec, sur le fond de la cellule, par un procédé quelconque, avec de la gomme arabique, par exemple. On laisse sécher la matière employée pour le collage, on applique un cover, on met en presse et on mastique. Ces préparations sont commodes pour l'examen, sous de faibles grossissements, des champignons entophytes (Œcidium, Puccinia, Erysiphe, etc.), des lichens des écorces, etc.

Pendant les diverses manipulations auxquelles sont

soumises les préparations avant leur achèvement définitif, les bandes de verre qui en forment la partie principale sont à chaque instant exposées à être mouillées ou
tachées ; on ne doit donc coller sur les bandes de verre
les étiquettes (une à droite de la cellule et une à gauche)
qui doivent servir à rappeler le nom et les particularités
de l'objet préparé, que lorsque ces manipulations sont
terminées et qu'on a procédé à un lavage final ; mais
pour reconnaître facilement les différentes préparations
aux différentes phases de leur confection, il faut y inscrire
un numéro ou tout autre signe distinctif à l'aide du diamant à écrire (chapitre Ier).

Les préparations terminées et étiquetées sont rangées
dans des boîtes à coulisses, semblables à celles dont
nous avons parlé au chapitre II ; les boîtes sont disposées
dans des casiers ou sur des rayons, de façon à ce que
les préparations se trouvent placées *horizontalement*, précaution indispensable, surtout pour celles qui renferment
des objets ténus pouvant glisser à la longue dans le liquide
conservateur et venir s'appliquer contre le cercle de bitume ou de vernis, auquel cas ces objets sont perdus pour
l'observation.

CHAPITRE V

LIQUIDES CONSERVATEURS, AVEC L'INDICATION DES OBJETS QU'ILS PEUVENT CONSERVER.

FORMULE N° 1

Glycérine aussi pure que possible.. . 1 partie (en volume).
Alcool. . . . . 1 —   —
Eau camphrée. . . . . 1 —   —

L'eau camphrée s'obtient en remplissant de camphre
concassé un flacon à large ouverture, et en versant par-
dessus de l'eau distillée qui vient remplir tous les in-
testices. Au bout de quelques jours, cette eau est saturée
de camphre. On décante et on filtre la quantité dont on a
besoin pour le moment, et on comble le vide produit
dans le flacon en ajoutant de nouvelle eau distillée, qui
pourra à son tour être employée au bout de deux ou trois
jours.

Le liquide préparé d'après la formule ci-dessus est
propre à conserver, soit en *flacons*, soit en *cellules*, le plus
grand nombre des tissus végétaux et notamment tous les
tissus cellulaires, d'une certaine solidité, comme albu-
mens cornés, épidermes, coupes de feuilles, tous les tissus ligneux, fibreux et vasculaires. Il rend trop transpa-

rentes certaines préparations, notamment celles relatives aux organes très-jeunes; on corrige ce défaut par l'addition d'une certaine quantité d'eau.

Pour les tissus renfermant des cystolithes, il est en général préférable d'avoir recours aux liquides chloroformés, n°s 3, 4 et 5 ci-après.

FORMULE N° 2

Glycérine.	3 parties (en volume).
Eau camphrée.	2 — —

Ce liquide peut servir aux mêmes usages que le précédent, mais seulement dans des cellules closes. Pour les objets conservés en flacons, il ne donne pas d'aussi bons résultats que le n° 1.

FORMULE N° 3

Eau distillée..	100 grammes.
Chloroforme..	2 —

On agite vivement et assez longtemps (cinq minutes, au moins). Un gramme environ de chloroforme se dissout; le surplus se dépose au fond du flacon et sert à maintenir la saturation.

On emploie ce liquide pour tous les tissus en voie de développement et encore très-tendres, les prothalliums, sacs embryonnaires, archégones et organes de fécondation des cryptogames, en voie de formation (pour les mêmes organes complétement développés, c'est aux liquides n°s 1 et 2 qu'il faut recourir).

FORMULE N° 4

Liquide n° 3, additionné de 4 ou 5 grammes d'acide
acétique cristallisable.

Ce liquide conserve parfaitement les conferves, sans
contracter la chlorophylle, qu'il brunit seulement un
peu.

Il présente un avantage particulier ; c'est qu'il absorbe
les bulles d'air que contiennent souvent les objets après
leur mise en cellule. C'est ainsi que les moelles, les champignons à spores nombreuses (agarics, Penicillium) qui retiennent souvent, quoi qu'on fasse, une assez grande quantité de bulles d'air, peuvent être préparés avec succès
dans ce liquide, sans qu'on ait à prendre beaucoup de
précautions. Quelques jours après que la cellule a été
close et mastiquée, toutes les bulles, quand elles ne sont
pas trop nombreuses, ont disparu.

En conséquence, toutes les fois qu'un lavage à l'alcool,
ordinairement efficace pour l'enlèvement des bulles d'air,
ne pourra pas être effectué sans inconvénient, on prépa-
rera dans le liquide n° 4.

La présence de l'acide acétique dans ce liquide détruit
les concrétions calcaires qui existent quelquefois à la surface des algues ou même dans leur intérieur. Des bulles
d'acide carbonique se dégagent dans ce cas, et nuisent
pendant quelques jours à l'aspect de la préparation ; mais
elles ne tardent pas à être redissoutes.

On remarquera que la dose d'acide acétique est assez
forte ; mais l'expérience montre qu'en général un petit
excès de cet acide n'est pas nuisible.

FORMULE N° 5

On dissout du camphre dans une quantité donnée de chloroforme, jusqu'à saturation. On enlève le plus possible des débris de camphre non dissous ; on additionne la liqueur sirupeuse ainsi obtenue d'une nouvelle quantité de chloroforme égale à la première ; on a alors une solution à moitié saturée. On dissout 4 grammes de cette solution dans un litre d'eau distillée ; il ne se produit aucun précipité.

Ce liquide peut remplacer dans la plupart des cas le liquide n° 1. Il donne moins de transparence aux préparations; mais il possède l'avantage de ne contracter que très-peu l'utricule primordiale. On peut, pour ce dernier motif, l'employer pour conserver les algues marines et d'eau douce, même les plus délicates, les desmidiées, les diatomées avec leur endochrome, etc. Toutefois, pour les algues très-délicates, telles que les conferves (spirogyra, rhynchonema, etc.), on doit donner la préférence au liquide n° 6 ci-après.

FORMULE N° 6

Eau camphrée. . . . . 75 grammes.
Eau distillée. . . . . 75 —
Acide acétique cristallisable. . . 1 —

Ce liquide conserve merveilleusement bien les algues délicates (spirogyra, rhynchonema, zygnema, etc.), que l'on préparait jusqu'à présent à l'eau camphrée seule, laquelle les défigurait toujours plus ou moins. C'est M. le docteur Ripart (de Bourges) qui en a trouvé la formule et qui a bien voulu nous la communiquer. Nous ne saurions trop recommander aux algologues d'y avoir recours; ils se créeront facilement, grâce à la formule de M. Ripart, des collections d'algues, dont les échantillons, après de longues années, pourront encore supporter la comparaison avec les échantillons vivants les plus frais.

FORMULE N° 7

Mélange gommeux, à l'aide duquel on fixe les objets dans les cellules avant d'y déposer le liquide conservateur.

On dissout à froid de la gomme arabique bien blanche dans deux fois son poids d'eau camphrée; on ajoute à la solution, qui n'est complète qu'au bout d'un ou deux jours, les trois quarts de son poids de glycérine. On conserve le tout dans un flacon long et étroit, jusqu'à ce que le liquide soit devenu complétement limpide par le dépôt des corpuscules qu'il tenait d'abord en suspension. Ce dépôt ne s'effectue que très-lentement et n'est complet qu'au bout de plusieurs mois.

On a indiqué au chapitre IV dans quel cas il fallait employer le mélange gommeux dont on vient de donner la formule.

FORMULE N° 8

Mélange gélatineux, destiné à remplacer le baume du Canada.

On prend de la gélatine bien blanche, et on la fait ramollir et gonfler dans l'eau froide pendant douze heures environ. On l'égoutte, et on fait baigner dans l'eau chaude le vase qui la contient. Quand elle est fondue, on la mélange avec un volume égal de glycérine.

Le mélange se prend en masse par le refroidissement. Quand on veut s'en servir, on le rend liquide en plongeant dans l'eau chaude le vase qui le contient.

FORMULE N° 9

Eau distillée. . . . . . . 500 grammes.
Phénate de soude. . . . . 1 gramme.

Ce liquide peut conserver (en cellules seulement, et non en flacons) une foule de tissus végétaux et de plantes microscopiques. Nous lui préférons, en général, les liquides précédents ; mais dans certains cas où ces liquides ne répondraient pas au but, on pourra essayer de la solution de phénate de soude, surtout pour les objets très-délicats et très-sensibles aux effets d'endosmose.

Nous terminerons en indiquant un procédé pour isoler et conserver indéfiniment, sous forme de préparation, la *matière intercellulaire*.

La matière intercellulaire a été isolée par Schacht dans un petit nombre de végétaux ; les procédés qu'il a employés ont été décrits par lui dans son *Traité du microscope*, dont M. Jules Dalimier a publié une traduction française (Paris, 1865. — F. Savy, éditeurs). Ces procédés sont d'une application assez difficile. Le nôtre, au contraire, est très-simple ; mais il ne nous a réussi, jusqu'à présent, que sur l'albumen du *Ruscus aculeatus* L.

On prend une graine fraîche de cette plante et on en détache plusieurs tranches minces. On choisit les plus fines et on les prépare en cellules, les unes dans le liquide n° 1, les autres dans la dissolution iodée de chlorure de zinc, indiquée par Schulz, et qui se prépare ainsi qu'il suit :

Prenez : Chlorure de zinc bien neutre, en dissolution sirupeuse.
Ajoutez : Iodure de potassium jusqu'à saturation.

Les coupes préparées au liquide n° 1 montrent le réseau cellulaire de l'albumen, avec ses cloisons épaisses, formées par les parois de deux cellules contiguës, réunies par la matière intercellulaire. Dans les coupes préparées au chloro-iodure de zinc, au contraire, ces cloisons disparaissent au bout de deux ou trois jours, en laissant pour toute trace la matière intercellulaire que le chloro-iodure de zinc a respectée et qui subsiste sans altération pendant un temps indéfini, sous forme d'un réseau extrêmement délicat.

FIN

TABLE DES MATIÈRES

CATALOGUE

DE

E SAVY

ÉDITEUR

MÉDECINE — CHIRURGIE — PHARMACIE
CHIMIE — PHYSIQUE — MATHÉMATIQUES — GÉOLOGIE
MINÉRALOGIE — PALÉONTOLOGIE — BOTANIQUE — AGRICULTURE
HORTICULTURE — ÉCONOMIE RURALE
ART VÉTÉRINAIRE
ARTS INDUSTRIELS — LITTÉRATURE SCIENTIFIQUE

**Tous les ouvrages de ce Catalogue sont expédiés
par la poste en France et en Algérie FRANCO et sans augmentation
sur les prix désignés**

Joindre à la demande des timbres-poste ou un mandat sur Paris

**On peut se procurer également ces ouvrages
par l'intermédiaire de tous les libraires de la France et de l'étranger**

PARIS

24, RUE HAUTEFEUILLE, 24

PRÈS LE BOULEVARD SAINT-GERMAIN

1er JANVIER 1872.

BERTHIER (**P.**). **Médecine mentale.** Des causes. Paris, 1860. 1 vol.
in-8. . . . . 4 fr.
—— **De la folie diathésique.** Paris, 1859. In-8. . . . . 1 fr. 50
—— **Erreurs relatives à la folie.** Paris, 1863. In-8. . . . . . 75 c.
BONNET (**A**). **De moyens de prévenir la récidive du cancer
du sein après son extirpation.** Lyon, 1847. In-8 de 24 pages. 75 c.
—— **Du soulèvement et de la cautérisation profonde du
cul-de-sac rétro-utérin dans les rétroversions de la matrice.** Lyon, 1858, in-8 de 32 pages. . . . . 75 c.
—— **De l'éducation du médecin.** Lyon, 1852. In-8 de 35 p. . 75 c.
BOUCHARD, professeur agrégé à la Faculté de médecine de Paris, médecin des hôpitaux. **Recherches nouvelles sur la pellagre.** Paris,
1862. 1 vol. in-8 de 400 pages. . . . . 6 fr.
Ouvrage couronné par les Sociétés de médecine de Lyon et Strasbourg (prix de
500 fr.), et honoré d'un encouragement de 1,000 fr. par l'Institut (Académie des
sciences).
—— **De la pathogénie des hémorrhagies** Paris, 1869. 1 vol. in-8
avec fig. . . . . 3 fr. 50
—— **Études expérimentales sur l'identité de l'herpès circiné
et de l'herpès tonsurant.** 1861. Brochure in-8. . . . . . . 75 c.
**BRACHET. Recherches expérimentales sur les fonctions du
système nerveux ganglionnaire** et sur leur application à la pathologie. 2e édition. Paris, 1837. 1 vol. in-8 (7). . . . . 3 fr
Ouvrage couronné par l'Institut.
—— **De l'emploi de l'opium dans les phlegmasies des mem-
branes muqueuses, séreuses et fibreuses.** Paris, 1858. In-8.
(3.50). . . . . 2 fr. 50
—— **Traité de l'hystérie.** Paris, 1849. 1 vol. in-8 (7.50). . . . 3 fr.
Ouvrage couronné par l'Académie de médecine.
—— **Traité complet de l'hypochondrie.** Paris, 1844. 1 vol. in-8 de
730 p. (9) . . . . 3 fr.
—— **Traité pratique des convulsions dans l'enfance.** 2e édition.
Paris, 1859. 1 vol. in-8 de 46 p. (9). . . . . 2 fr.
CAVARRA (**A.**). **Des maladies de la femme et des médica-
ments les plus efficaces à employer dans leur traitement,**
précédé d'un aperçu hygiénique. 2e édition. Paris, 1843. In-18 de
240 p. . . . . 1 fr. 50
COULON (**A.**), professeur à l'École de médecine d'Amiens. **Traité cli-
nique et pratique des fractures chez les enfants.** Paris, 1861.
1 vol. in-8. . . . . 4 fr.
Ouvrage couronné par la Société de médecine de Lille.
—— **De l'angine couenneuse** et du croup considérés au point de vue
du diagnostic et du traitement. 2e édition. Paris, 1867. In-8 de 100 p. 2 fr.
—— **De l'ophthalmie purulente chez les enfants.** In-8. 1 fr.
—— **De la fièvre typhoïde dans la première enfance.** 1860.
In-8. . . . . 1 fr.
CURY (**J.-B**). **Tableaux synoptiques des artères,** exposant la
disposition générale de ce système de vaisseaux et les rapports de ses parties entr'elles et avec les troncs pulmonaires et aortiques. Paris, 1835.
In-8 oblong de 16 p. 75 c.
DELACROIX (**Émile**) **et ROBERT** (**Aimé**). **Les eaux.** Étude
hygiénique et médicale sur l'origine, la nature et les divers emplois des
eaux, tant ordinaires que médicinales, suivie d'un tableau général indica-
teur des sources minérales et stations balnéaires de la France et de l'étranger. Paris, 1865. 1 vol. in-18. . . . . 2 fr. 50

DESPINE (Prosper). Psychologie naturelle. Étude sur les facultés intellectuelles et morales dans leur état normal et dans leurs manifestations anomales chez les aliénés et chez les criminels.

Tome I contenant une étude sur les facultés intellectuelles et morales, sur la raison, sur le libre arbitre et sur les actes automatiques.

Tome II contenant une étude psychologique sur les aliénés et sur les criminels. Parricides-homicides.

Tome III contenant une étude psychologique sur les criminels (*suite et fin*). Infanticide. — Suicides. — Incendiaires. — Voleurs. — Prostituées. — Bases du traitement moral auquel doivent être soumis les criminels et les délinquants. Paris, 1869. 3 vol. in-8 de 800 pages chacun. . . . . 21 fr.

De la contagion morale. Paris, 1870. In-8 de 24 p.. . . . 1 fr.

— **Le démon alcool.** Ses effets désastreux sur le moral, l'intelligence et le physique. Paris, 1871. In-8 de 48 p. . . . . 1 fr. 50

— **De l'imitation considérée au point de vue des différents principes qui la déterminent.** Paris, 1871. In-8 de 31 p.   1 fr. 25

DESPLATS (V.) et GARIEL, professeurs agrégés à la Faculté de médecine de Paris. **Nouveaux éléments de physique médicale**, précédés d'une préface, par M. Gavarret, professeur de physique médicale, à la Faculté de médecine de Paris. Paris, 1870. 1 vol. petit in-8, cart. en toile anglaise, avec 502 figures dans le texte.. . . . . 10 fr.

La nécessité de l'introduction de la physique dans les études biologiques est, tous les jours, mieux et plus universellement comprise.

Un livre de physique, fortement empreint de ce caractère élémentaire qui n'exclut pas la rigueur de la démonstration, dans lequel se trouvent exposés, avec tous les développements convenables et avec les seules ressources des données expérimentales, les principes fondamentaux de la mécanique, en même temps que les principales lois de la chaleur, de l'électricité, de la lumière, de l'acoustique, des actions moléculaires, doit être désormais considéré comme un complément nécessaire des traités de physiologie, d'hygiène et même de pathologie. Toutes ces qualités se trouvent réunies dans les *Nouveaux éléments de physique médicale* publiés par MM. Gariel et Desplats ; nous ne saurions trop recommander cet ouvrage à l'attention des élèves des Facultés de médecine. Professeurs agrégés de la Faculté de médecine de Paris, préparés par des études approfondies des rapports des sciences physiques et des sciences biologiques, et aussi par une longue pratique de l'enseignement, MM. Gariel et Desplats ont prouvé qu'ils possédaient les connaissances et les aptitudes nécessaires pour mener à bonne fin une œuvre dont, mieux que personne, ils comprenaient toutes les difficultés.

DESSAIX (J.-M.). De la médecine conjecturale, soi-disant rationnelle, et **de la médecine positive**, coup d'œil d'un homœopathe. Lyon, 1843. In-8 de 190 p. . . . . 75 c.

DES VAULX (J.-P.). Guide pour le traitement des maladies vénériennes, à l'usage des gens du monde, avec 4 planches coloriées, dessinées par le docteur CLAPARÈDE. Paris, 1862. 1 vol. in-32, de 192 pages. . . . . 1 fr.

DEVAY (F.). De la médecine morale. Paris, 1861. Br. in-8. 2 fr. 50

—— **et GUILLIERMOND. Recherches nouvelles sur le principe de la ciguë (conicine)**, et de son mode d'application aux maladies cancéreuses et aux engorgements de la matrice et du sein. 2ᵉ édition. Paris, 1853. In-8 (4). . . . . 2 fr.

DUBRUEIL (A.), professeur agrégé à la Faculté de médecine de Paris, chirurgien des hôpitaux. **De l'amputation intra-deltoïdienne.** Paris, 1866. In-8. . . . . 75 c.

DUBRUEIL (A.), professeur agrégé à la Faculté de médecine de Paris, chirurgien des hôpitaux. **Manuel d'opérations chirurgicales.** Paris, 1870. 1 vol. in-18, cart. en toile anglaise avec 28 pl. coloriées.   10 fr.

—— **Manuel opératoire des résections.** Paris, 1871. In-8 de 64 p. avec 17 figures. . . . . 2 fr. 50

—— **Des indications que présentent les luxations de l'astragale.** Paris. 1864. In-4 de 41 pages et planches. . . . . 2 fr.

—— **De l'iridectomie.** Paris, 1866. In-8 de 90 pages. . . . . . . 2 fr.

—— **Des diverses méthodes du traitement des plaies.** Paris, 1869. In 8 de 95 p. . . . . 2 fr.

—— **Mélanges d'orthopédie.** Paris 1870. In-8. de 32 p. et 4 pl. 1 fr. 25

—— **Note sur la cicatrisation des os et des nerfs.** Paris, 1867. In-8. . . . . 50 c.

—— **Recherches** sur l'action physiologique du sulfocyanure de potassium (en collaboration avec M. Legros). In-8 de 4 pages. . . . . 50 c.

—— **Note sur le traitement des rétractions des muscles fléchisseurs des doigts.** Paris, 1870. In-8 de 12 pages. . . . . . 50 c.

DUMÉRIL (Aug.). **De la texture intime des glandes, des produits de sécrétion en général.** Paris, 1844. In-8 de 128 p.   1 fr. 25

—— **Des odeurs, de leur nature et de leur action physiologique.** Paris, 1843. In-4 de 8 p. . . . . 25 c.

DUMOULIN (Aug.). **Des eaux minérales de Salins.** Paris, 1860. In-18 de 133 p. . . . . 75 c.

DURAND (de Lunel). **Théorie électrique du froid, de la chaleur et de la lumière,** doctrine de l'unité des forces physiques, avec un Avant-propos sur l'action physiologique de l'électricité. Paris, 1863 In-8 de 36 pages. . . . . 1 fr. 50

—— **Traité dogmatique et pratique des fièvres intermittentes,** suivi d'une Notice sur le mode d'action des eaux de Vichy dans le traitement des affections consécutives à ces maladies. Paris, 1862. 1 vol. in-8. . . . . 6 fr. 50

—— **Nouvelle théorie de l'action nerveuse** et des principaux phénomènes de la vie. Paris, 1863. 1 vol. in-8. . . . . 7 fr. 50

—— **Des incidents du traitement thermo-minéral de Vichy.** Paris, 1864, in-8°. . . . . 1 fr. 50

—— **Des indications et des contre-indications des eaux de Vichy.** Paris, 1872. In-18 de 226 p. . . . . 2 fr.

DUVAL (Émile). **De la chorée, sa définition; de ses différents traitements et spécialement de sa cure par l'hydrothérapie.** Paris, 1866. In-8 de 32 pages. . . . . 1 fr.

ÉBRARD. Hygiène des habitants de la campagne, cultivateurs, jardiniers, instituteurs, suivi d'un Essai sur la salubrité publique dans les communes rurales. 1865. 1 vol. in-8. . . . . 2 fr.

—— **Le livre des gardes-malades et des mères de famille.** Instructions sur les soins à donner aux malades et aux enfants. 6ᵉ édition. Paris, 1867. 1 vol. in-18. . . . . : . . . . 2 fr.

FAUCONNET. Du choléra asiatique comme conséquence d'un élément morbide de nature organisée. Étude déposée à l'Académie des sciences comme pièce de concours pour le prix Bréant, le 6 décembre 1865. Paris, 1866. 1 vol. in-8 de 64 pages. . . . . . 2 fr.

—— **Guérison du chancre, des bubons et de quelques syphilides.** Paris, 1867, in-8 de 58 pages. . . . . 75 c.

FERRAND, ancien chef de clinique de la Faculté. **De la médication antipyrétique.** Paris, 1869. 1 vol. in-8. . . . . 2 fr. 50

—— **L'aphasie et la psychologie de la parole.** Paris, 1870. In-8 de 23 pages. . . . . 1 fr. 25

FLORET (P.). Documents chirurgicaux, principalement sur les maladies de l'utérus. Paris, 1862. 1 vol. in-8, avec pl. .   4 fr.

FREY (H.), professeur à l'Université de Zurich. **Traité d'histologie et d'histochimie,** traduit de l'allemand sur la 2ᵉ édition, par le Dʳ P. Spillmann, avec des notes et un appendice sur la spectroscopie du sang, par M. Ranvier, préparateur du cours de médecine expérimentale au Collége de France, et revu par l'auteur. Paris, 1871. 1 fort volume in-8 de 800 pages, avec 530 gravures dans le texte, et une planche chromolithographiée . . . . 16 fr.

—— **Le microscope, manuel à l'usage des étudiants,** traduit de l'allemand sur la 2ᵉ édition, par P. Spillmann. Paris, 1867. 1 vol. in-18, avec 62 figures dans le texte et une note sur l'emploi des objectifs à correction et à immersion. . . . . 4 fr.

FUSTER (J.), professeur à la Faculté de médecine de Montpellier **Monographie clinique de l'affection catarrhale.** 2ᵉ édition. Paris, 1865. 1 vol. in-8 de 646 p. (7). . . . . 5 fr.

GARIEL (C. M.), professeur agrégé à la Faculté de médecine de Paris. **De l'ophthalmoscope.** Paris, 1869. In-8 de 48 p. . . . . . 1 fr. 50

GAUTHIER (A.). Recherches historiques sur l'exercice de la médecine dans les temples, chez les peuples de l'antiquité, etc. Paris, 1844. In-18 de 164 p. . . . . 1 fr. 25

—— **Observations pratiques sur le traitement des maladies syphilitiques par l'iodure de potassium.** Paris, 1845. In-8 de 104 p. . . . . 1 fr.

GUETTET, médecin directeur de l'établissement hydrothérapique de Saint-Seine. **De l'hydrothérapie.** Paris, 1870. In-8 de 16 pages. .   75 c.

GUIEN (Dʳ A.). **Du charlatanisme,** ou véritables moyens de parvenir dans la pratique de la médecine, adressé aux jeunes médecins. Paris, 1852. In-18 de 82 p. . . . . 0 fr. 75

GUITARD (J.). Histoire de l'électricité médicale comprenant l'étude des instruments et appareils, le résumé des auteurs, un choix d'observations. Paris, 1854. 1 vol. in-18 de 596 p. . . 3 fr. 50

GUYÉTANT. Nouvelle considération sur la longévité humaine. Paris, 1863. In-18 de 133 p. . . . . 1 fr. 25

—— **Le médecin de l'âge de retour et de la vieillesse,** ou conseils aux personnes des deux sexes qui ont passé l'âge de 45 ans. 3ᵉ édition. Paris, 1844. 1 vol. in-18 de 400 p. . . . . 2 fr.

HARDY, préparateur de pharmacologie à la Faculté de médecine de Paris. **Principes de chimie biologique.** Paris, 1871. 1 vol. in-18 de 600 pages avec fig. et un tableau chromolithographié, représentant la spectroscopie du sang . . . . 7 fr.

Les observations et les découvertes dont la chimie biologique s'est enrichie depuis plusieurs années, ne se trouvent réunies en corps de doctrine dans aucun traité élémentaire. L'ouvrage que nous annonçons a pour but de combler cette lacune. L'auteur s'est efforcé d'exposer dans un cadre restreint les recherches modernes touchant la composition chimique des tissus et des liquides de l'organisme, les méthodes nouvelles qu'elles fournissent pour en doser les éléments principaux, les données particulières à l'aide desquelles on peut reconnaître les substances qui se rencontrent le plus habituellement dans la pratique journalière, enfin M. E. Hardy a cherché à résumer les théories qui permettent de coordonner les faits et de parvenir à les interpréter.

Autant que possible, M. E. Hardy a cité les analyses qui présentent le plus de garanties d'exactitude. Les formules ont été écrites avec les nouveaux poids atomiques.

Il est inutile d'insister sur l'étendue des recherches, la discussion d'un grand nombre d'analyses et de vues théoriques, d'études et d'expériences personnelles que cet ouvrage a exigées.

HUBERT RODRIGUE (D.). Clinique médicale de Montpellier. Constitutions médicales et épidémiques. — Climat de Montpellier. Paris, 1855. 1 vol. in-8 de 300 p.. . . . . **2 fr.**

JANTET (Charles et Hector). De la vie et de son interprétation dans les différents âges de l'humanité. Paris, 1860. 1 vol. in-8. . **5 fr.**

—— **Doctrine médicale matérialiste.** Paris, 1866. 1 vol. in-8. **6 fr.**

JOULIN (D.), professeur agrégé à la Faculté de médecine de Paris. **Traité complet théorique et pratique des accouchements.** Paris, 1867. 1 fort volume grand in-8, de 1,200 pages avec 150 figures dans le texte. . . . . **16 fr.**

M. Joulin a écrit un traité d'accouchements aussi complet que possible; les matériaux de son livre, puisés aux meilleures sources, n'ont été acceptés qu'après une critique aussi impartiale que judicieuse; l'auteur, après s'être approprié tous ces éléments, les a fort habilement mis en œuvre et fondus ensemble de la façon la plus heureuse. Le livre du savant agrégé de la Faculté de Paris n'est point une simple œuvre de vulgarisation, et la personnalité de l'auteur s'affirme d'une façon originale dans maint chapitre important.

Une innovation excellente est d'avoir placé à la fin de chaque chapitre un résumé en une ligne au plus de tout un paragraphe, ce qui fait de ce traité un excellent memento pour repasser à la veille d'un examen.

Les lecteurs soucieux d'approfondir un point spécial d'obstétrique trouveront à la fin de chaque chapitre un résumé bibliographique des plus complets.

Un grand nombre de gravures intercalées dans le texte, exécutées avec un soin peu ordinaire dans les traités d'accouchements publiés jusqu'à ce jour, en rendent l'intelligence facile.

—— **Des cas de dystocie appartenant au fœtus.** Paris, 1863, in-8 . . . . **3 fr.**

—— **Du forceps et de la version dans les cas de rétrécissement du bassin.** Paris, 1865. 1 vol. in-8. . . . . **2 fr. 50**

Prix Capuron. Mémoire couronné par l'Académie de médecine.

KŒBERLÉ, professeur agrégé à la Faculté de médecine de Strasbourg. **Manuel opératoire de l'ovariotomie, suivi d'observations encore inédites, qui ont présenté des particularités exceptionnelles.** Paris. 1870. In-8 de 24 pages. . . . . **1 fr.**

LADREY, professeur à l'École de médecine de Dijon. **Programme d'un cours de pharmacie.** Paris, 1868. 1 vol. in-18. . . **1 fr. 25**

—— **Les établissements industriels et l'hygiène publique.** Paris, 1867. 1 vol. in-8. **2 fr. 50**

Ce volume contient l'exposé complet de la législation qui régit les établissements incommodes, dangereux et insalubres. C'est un guide indispensable pour les industriels et pour toutes les personnes qui ont mission de veiller au bon état de la salubrité publique.

LANGLEBERT (Edmond). Traité théorique et pratique des maladies vénériennes, ou leçons cliniques sur les affections blennorrhagiques, le chancre et la syphilis, recueillies par M. EVARISTE MICHEL, revues et publiées par le professeur. Paris, 1864. 1 vol. in-8 de 700 pages, avec une bibliographie complète des ouvrages publiés jusqu'à ce jour sur la syphilis.. . . . . **8 fr.**

Les discussions doctrinales n'ont point fait oublier à l'auteur que la médecine est avant tout l'art de guérir : *Primo sanare, deinde philosophari.* Aussi M. Langlebert a apporté le plus grand soin à l'étude du diagnostic et du traitement et il a fait tous ses efforts pour que son livre offrît aux jeunes médecins, non-seulement le tableau fidèle de l'état actuel de la science, mais encore un guide qui leur aplanît les difficultés de la pratique. La blennorrhagie et toutes ses complications chez l'homme et chez la femme, le chancre, les accidents secondaires et tertiaires de la syphilis constitutionnelle, la syphilis infantile, les questions d'hygiène sociale et de médecine légale qui s'y rattachent, y sont séparément décrits et exposés avec soin.

LAPORTE (DE). Hygiène de la table. Traité du choix des aliments dans leurs rapports avec la santé. Paris, 1870 1 vol. in-8° de 528 pages   6 fr.

LEE (Henry). Leçons sur la syphilis. De l'inoculation syphilitique et de ses rapports avec la vaccination; leçons professées à l'hôpital Saint-George, traduites de l'anglais par le docteur Edmond Baudot. Paris, 1863. In-8 de 120 pages. . . . . 2 fr. 50

LEGRAND DU SAULLE, médecin de l'hospice de Bicêtre, etc. **La folie devant les tribunaux.** Paris, 1864. 1 vol. in-8 de 600 pages.   8 fr. *Ouvrage couronné par l'Institut de France.*

LEMARCHAND, médecin aux bains de mer du Tréport. **Des bains de mer sur les plages du Nord.** Conseils aux baigneurs. Paris, 1868. 1 vol. in-18. . . . . 1 fr.

LEROY (Camille).Considérations sur les affections fébriles, ou maladies aiguës. Paris, 1846. 1 vol. in-8. . . . . 2 fr.

LISLE (E.), ancien médecin en chef de l'hospice des aliénés de Marseille. **Du traitement de la congestion cérébrale et de la folie avec congestion et hallucinations par l'acide arsénieux.** Paris, 1871. 1 vol. in-8 de 406 p. . . . . 7 fr.

LOISEAU (de Montmartre). **Traitement préventif du croup par le tannage.** Paris, 1862. In-8. . . . . 75 c.

LOUMAIGNE (L.). De la hernie de l'ovaire. Paris, 1869. In-8 de 48 pages. . . . . 1 fr. 50

LUCAS (Louis), La médecine nouvelle, basée sur des principes de physique et de chimie transcendantales, comprenant les principes de médecine, la physiologie (système nerveux, circulation et respiration), la pathologie. Paris, 1862-1863. 2 vol. in-18 formant ensemble 650 p.   8 fr.

LUNIER (L.), inspecteur général du service des aliénés, et du service sanitaire des prisons de France. **Études sur les maladies mentales et sur les asiles d'aliénés.** De l'aliénation mentale et du crétinisme en Suisse, étudiés au point de vue de la législation, de la statistique, du traitement et de l'assistance. Paris, 1868. 1 vol. in-8. . . . . . 5 fr.

—— **Des placements volontaires dans les asiles d'aliénés.** Études sur les législations françaises et étrangères. Paris, 1868. Brochure in-8. . . . . : . . . . 1 fr. 50

—— **Des aliénés dangereux,** étudiés au triple point de vue clinique, administratif et médicolégal. Paris, 1869. In-8 de 30 p. . . . . 1 fr. 25

—— **De l'augmentation progressive du chiffre des aliénés et de ses causes.** Paris, 1870. In-8 de 16 pages et tableaux. . . 75 c.

——**Del'isolement des aliénés considéré comme moyen de traitement et mesure d'ordre public.** Paris, 1871. In-8 de16 p.   75 c.

—— et **ROUSSELIN. Etude médico-légale sur l'état mental de M. du P...** Paris, 1870. In-8 de 36 p. . . . . 1 fr. 25

MACARIO. De l'influence médicatrice du climat de Nice ou guide des malades dans cette ville. 2e édition. Paris, 1862. In-18 de 156 pages. . . . . 1 fr. 25

MAISONNEUVE (J. G.), chirurgien de l'Hôtel-Dieu de Paris. **Clinique chirurgicale.** Tome second, contenant les Affections cancéreuses, la Ligature extemporanée, les Tumeurs de la langue, les Maladies de l'ovaire, les Hernies, etc. Paris, 1864. 1 vol. grand in-8 de 700 p. avec figures dans le texte. . . . . 12 fr.

—— **Leçons cliniques sur les affections cancéreuses,** professées à l'hôpital Cochin, recueillies et publiées par le docteur Alexis Favrot. Ire partie, comprenant les Affections cancéreuses en général. In-8 avec planches lithographiées. Paris, 1852. In-8. . . . . 2 fr. 50 IIe partie, comprend les Affections cancéreuses du sein. 1854. In-8.   2 fr. 50

MAISONNEUVE (J. G.), chirurgien de l'Hôtel-Dieu de Paris. **Le périoste et ses maladies**. Paris, 1839. In-8 . . . . 2 fr. 50
—— **Mémoire sur la désarticulation totale de la mâchoire inférieure**. Paris, 1859. In-4, avec planches noires. . . . . 6 fr.
Avec planches coloriées. . . . . 12 fr.
—— **De la ligature extemporanée** et de sa supériorité sur l'instrument tranchant pour l'extirpation de toutes les tumeurs pédiculées ou pédiculables, avec description des instruments nouveaux destinés à son exécution. 1860. 1 vol. in-4 avec planches. . . . . 6 fr.
MANGIN (Arthur). De la liberté de la pharmacie. Paris, 1864. In-8 de 48 p. . . . . 1 fr.
MASSE (J. N.). Petit atlas complet d'anatomie descriptive du corps humain. *Ouvrage adopté par le conseil impérial de l'instruction publique*. Nouvelle édition augmentée des tableaux synoptiques d'anatomie descriptive. Paris, 1869. 1 vol. in-18 relié de 113 planches gravées en taille-douce, avec texte en regard . . . . 20 fr.
—— Le même ouvrage relié avec la tranche supérieure dorée, avec les planches coloriées . . . . 36 fr.
Plus de quarante mille exemplaires vendus depuis son apparition, des traductions dans toutes les langues attestent suffisamment l'accueil qui a été fait à cette utile publication. L'Atlas d'anatomie de Masse est devenu le *vade-mecum* de l'amphithéâtre
—— **Anatomie synoptique**, ou résumé complet d'anatomie descriptive du corps humain. Paris, 1867. 1 vol. in-18 de 116 pages. 2 fr.
Ces tableaux synoptiques sont extraits de la nouvelle édition du Petit Atlas d'anatomie descriptive. On a fort approuvé l'idée qui a présidé à ce travail qui, sous une forme concise, est très-utile pour revoir rapidement les articulations, les insertions musculaires, l'angéiologie, la névrologie.
MAURIAC (Ch.), médecin de l'hôpital du Midi. **Étude sur les névralgies réflexes symptomatiques de l'orchi-épididymite blennorrhagique**. Paris, 1870. 1 vol. in-8 de 115 pages. . . . . 2 fr. 50
(Voyez page 14, WEST. *Leçons sur les maladies des femmes.*)
MAURIN (A.). Étude historique et clinique sur les eaux minérales de Néris. Paris, 1858. 1 vol. in-18. (5 fr. 50). . . . . 50 c.
MAYGRIER (A.). Les remèdes contre la rage, aperçu critique, historique et bibliographique depuis le seizième siècle jusqu'à nos jours. Paris, 1866. In-8 de 16 pages. . . . . 50 c.
MESSAGER. Traité pratique des maladies des femmes. 2e édition. Paris, 1851. In-18 de 230 p. . . . . 1 fr. 25
MILLET (Auguste), médecin de la colonie pénitentiaire de Mettray. **Traité complet de la diphthérie**. Paris, 1863. 1 vol. in-8. 6 fr.
Ouvrage couronné par la Société des sciences médicales et naturelles de Bruxelles.
De la diphthérie du pharynx. Paris, 1862. In-8. . 2 fr. 25
Mémoire couronné (médaille d'or) par la Société centrale de médecine du département du Nord.
—— **De l'emploi thérapeutique des préparations arsenicales**. 2e édition entièrement refondue. Paris, 1865. 1 vol. in-8. . 4 fr.
Mémoire couronné par la Société centrale de médecine du département du Nord.
MIOT (C.). Traité pratique des maladies de l'oreille. Paris, 1871. 1 vol. gr. in-8 de 540 pages avec 18 figures dans le texte et 4 planches chromolithographiées représentant 38 figures . . . . 8 fr.
MOISY (D.). Les eaux de Paris; bains, lavoirs. Paris, 1869. 1 vol. in-18 de 214 p. . . . . 2 fr.
MOREAU (F.). De la liqueur d'absinthe et de ses effets. Paris, 1863. Brochure in-8. . . . . 1 fr.

NAQUET (A.), professeur agrégé à la Faculté de médecine de Paris. **Cours de chimie pratique**, d'après les théories modernes, à l'usage des médecins, pharmaciens, étudiants en médecine, chimistes, et en pharmacie, par W. ODLING. Traduit de l'anglais sur la 3ᵉ édition par A. NAQUET. Paris, 1869. 1 vol. in-18 avec 71 figures dans le texte. . . . . . 4 fr. 50

Depuis plusieurs années déjà, les étudiants sont exercés aux manipulations chimiques, et ces manipulations paraissent même devoir prendre une extension considérable. En présence de ce fait nouveau dans l'enseignement, nous avons pensé qu'un livre renfermant tout ce que les étudiants ont besoin d'apprendre dans leurs manipulations et rien de plus; qu'un livre capable de servir de guide de laboratoire répondait à un besoin réel. Nous ne pouvions mieux faire que de traduire en français, pour cet usage, le *Cours de chimie pratique* de M. Odling. L'auteur possède en effet une clarté, une méthode que l'on pourrait peut-être atteindre, mais que certainement on ne saurait dépasser.

(Voy. page 15, *Principes de chimie*.)

NEUBAUER, professeur de chimie et de pharmacie au laboratoire de chimie de Wiesbaden, et **VOGEL**, directeur, professeur de médecine à l'Institut pathologique de Halle. **De l'urine et des sédiments urinaires.** Propriétés et caractères chimiques et microscopiques des éléments normaux et anormaux de l'urine, analyse qualitative et quantitative de cette sécrétion. Description et valeur séméiologique de ses altérations pathologiques, etc.; précédé d'une introduction par R. FRESENIUS. traduit de l'allemand sur la 5ᵉ édition, par le docteur L.-A GAUTIER. Paris, 1870 1 vol. gr. in-8, avec 4 planches col. et 31 figures dans le texte. . . . . 10 fr.

L'ouvrage de MM. Neubauer et Vogel est un livre essentiellement pratique, dont l'utilité est éloquemment démontrée par l'empressement avec lequel il a été accueilli. L'urine est, au point de vue physiologique, la sécrétion la plus importante de l'organisme, et sous l'influence des maladies elle subit des modifications dont la connaissance offre au médecin praticien de précieuses ressources pour le diagnostic et le traitement d'un grand nombre d'affections.

PARSEVAL (L. de). Homœopathie et allopathie. Paris, 1856. In-8 de 652 p. (8). . . . . 5 fr.

PASSOT (Ph.). Études et observations obstétricales. 1 vol. in-8. . . . . 2 fr.

PERROUD, médecin de l'Hôtel-Dieu de Lyon. **De la tuberculose, ou de la phthisie pulmonaire** et des autres maladies dites scrofuleuses et tuberculeuses, étudiées spécialement sous le double point de vue de la nature et de la prophylaxie. Paris, 1861. 1 vol. in-8. . . . 5 fr.

Ouvrage couronné par la Société de médecine de Bordeaux.

—— **De l'état charbonneux du poumon** à propos de quelques faits graves d'anthracosis. 1862. In-8. . . . . 75 c.

—— **Influence des pyrexies sur les principaux phénomènes de la menstruation.** In-8 de 30 p. . . . . 75 c.

—— **Note sur l'albuminurie.** In-8. . . . . 75 c.

PHILIPEAUX (R.), correspondant de la Société impériale de chirurgie, etc. **Traité de thérapeutique de la coxalgie**, suivi de la description de **l'appareil inamovible**, pour le traitement des coxalgies, par le professeur VERNEUIL. Paris, 1867. 1 vol. in-8 avec figures intercalées dans le texte. . . . . 8 fr.

PLANCHON (G.), professeur à l'École supérieure de pharmacie de Paris. **Guide pratique** pour la détermination des drogues simples et usuelles. Paris, 1872. 1 vol. petit in-8 avec figures dans le texte (*sous presse*).

—— **Des quinquinas.** Paris, 1866. 1 volume in-8 . . . . 3 fr. 50

Pour les autres publications de M. Planchon, voy. nos Catalogues d'histoire naturelle.

POTTON. **De la goutte** et du danger des traitements empiriques qui lui sont opposés; de son traitement rationnel. Paris, 1860. 1 vol. in-8   2 fr.

PRAVAZ (Ch. G.). **Traité théorique et pratique des luxations congénitales du fémur**, suivi d'un appendice sur la prophylaxie des luxations spontanées. Paris, 1847. 1 vol. in-4 avec 10 pl. (20).. . . . .   12 fr.

PRAVAZ (fils). **Essai sur les déviations latérales de la colonne vertébrale**. Amsterdam, 1862. In-4 de 90 p. . . . . .   3 fr. 50

PUECH (A.). **De l'atrésie des voies génitales de la femme.** Paris, 1864. In-4. . . . .   5 fr.

—— **De l'hématocèle péri-utérine**. Paris, 1861. In-8. . .   1 fr. 50

—— **De l'hématocèle péri-utérine et de ses sources.** Paris, 1858. 1 vol. in-8. . . . .   3 fr.

—— **Des anomalies de l'homme, de leur fréquence relative.** Paris, 1871. In-8 de 104 p. . . . .   2 fr. 50

—— **Étude sur un monstre double compliqué de deux autres monstruosités.** Paris, 1850, In-8 de 40 p. avec pl. lith.   1 fr.

QUANTIN (Émile). **Prostitution et syphilis.** Paris, 1863. 1 vol. in-18. . . . .   1 fr. 25

—— **De la chorée.** Dijon, 1859. 1 vol. in-18. . . . .   5 fr.

RAPOU (A.). **Histoire de la doctrine médicale homœopathique;** son état actuel dans les principales contrées de l'Europe. Application pratique des principes et des moyens de cette doctrine au traitement des malades. Lyon, 1847. 2 volumes in-8 avec un portrait gravé de Hahnemann. . . . .   15 fr.

REBOLD (E.). **L'électricité**, moteur de tous les rouages de la vie. Paris, 1869. 1 vol. in-8 avec 6 pl. . . . .   6 fr.

RICHARD (DE NANCY). **Traité de l'éducation physique des enfants.** 5ᵉ édition, augmentée. Paris, 1861. 1 vol. in-18 de 300 p.. .   2 fr.

—— **Commentaire physiologique sur la personne d'Horace.** Paris, 1863. 1 vol. in-18. . . . .   3 fr. 50

RIGOLLOT (P.-A.). **Allevard, son établissement thermal et ses environs.** Guide du visiteur et des malades. Paris, 1843. In-18 de 175 p. avec 2 cartes.   50 c.

RIOUX (J.), **La médecine des familles** ou Traité des propriétés médicinales, des plantes indigènes et de celles qui sont généralement cultivées en France; contenant, pour chaque espèce : sa description botanique; ses propriétés alimentaires et médicinales; l'indication de la manière dont on doit l'employer; les soins à prendre pour la récolter, la sécher et la conserver; le traitement de l'empoisonnement par celles qui sont vénéneuses. Paris, 1862. 1 volume in-18. . . . .   1 fr.

ROBERT (A.). **Guide du médecin et du touriste** aux bains de la vallée du Rhin, de la Forêt-Noire et des Vosges. 2ᵉ édition. Paris, 1869. 1 vol. in-18 cart. en toile anglaise. . . . .   6 fr.

ROCHEBRUNE (A. T. DE). **Sur un fœtus humain,** appartenant à la famille des anencéphaliens. Paris, 1869. In-8 de 50 p. et pl.   1 fr. 50

SABATIER (A.), professeur agrégé à la Faculté de médecine de Montpellier. **Recherches anatomiques et physiologiques** sur les appareils musculaires correspondant à la vessie et à la prostate dans les deux sexes. Paris, 1864, in-8 avec 4 pl. . . . .   3 fr. 50

——— **Réflexions sur un cas rare de transposition générale des viscères.** avec conservation de la direction normale du cœur. Paris, 1865. 1 vol. in-8 avec pl. . . . .   2 fr.

—— **De l'absorption.** Paris, 1866, in-8. . . . .   3 fr. 50

SALES-GIRONS, médecin inspecteur de l'établissement de Pierrefonds **Traitement de la phthisie pulmonaire** par l'inhalation des liquides pulvérisés et par les fumigations de goudron. Paris, 1860. 1 vol in-8 de 600 pages. . . . . 5 fr.

SAUVAGE (G. E.). Recherches sur l'état sénile du crâne Paris, 1870. 1 vol. gr. in-8 avec planches. . . . . 3 fr. 50

SÉMANAS. Doctrine pathogénique fondée sur le digénisme phlegmasi-toxique et ses composés morbides. Paris, 1858. 1 vol. in-8. (4 fr. 50). . . . . 2 fr.

—— **Traité des frictions quiniques chez les enfants.** Paris, 1859. 1 vol. in-8. (4 fr. 50). 2 fr.

SERAINE (Dr Louis). De la santé des gens mariés, ou physiologie de la génération de l'homme et hygiène philosophique du mariage. 8e édition. Paris, 1872. 1 beau vol. in-18 de 400 p. . . . . 3 fr.

SOMMAIRE DES PRINCIPAUX CHAPITRES DE LA TABLE DES MATIÈRES.

I. Du sens génésique. — II. Des organes reproducteurs. — III. Limite de la puissance sexuelle. — IV. Du mariage et de la maternité. — V. Du célibat et de ses inconvénients. — VI. Conformation vicieuse des organes reproducteurs. — VII. Syncope génitale. — VIII. Atonie des organes. — IX. Perversion nerveuse. — X. Absence ou vice de composition des germes. — XI. Hérédité de structure. — XII. Hérédité physiologique. — XIII. Hérédité de quelques diathèses. — XIV. Hérédité de quelques névropathies. — XV. Hérédité morale.

Depuis longtemps il nous semblait regrettable qu'il n'existât pas sur ces questions un livre sérieux et honnête écrit au nom de la science, dans un style simple et chaste, où les personnes mariées pussent étudier sans rougir ce sujet qui les intéresse si fort dans leur personne et leur postérité. Nous nous sommes efforcés de combler cette lacune.   L. SERAINE.

—— **De la santé des petits enfants**, ou conseils aux mères sur la conservation des enfants pendant la grossesse, sur leur éducation physique depuis la naissance jusqu'à l'âge de sept ans, et sur leurs principales maladies. 3e édit. Paris, 1870. 1 vol. in-32 de 192 p. . 1 fr.

SÉRULLAZ. Mémoire sur le traitement du croup par la cautérisation laryngée. Nouveau procédé. Paris, 1863. Brochure in-8.   1 fr.

SICARD (H.), professeur agrégé à la Faculté de médecine de Montpellier. **Des organes de la respiration** dans la série animale. Paris, 1869. In-8 de 85 pages. . . . . 2 fr.

SOCQUET (J.-A.). Principes d'économie médicale ou des lois fondamentales de la médecine, déduites de l'observation et de leur application au diagnostic, au pronostic et au traitement des maladies. Paris, 1852. 1 vol. in-8 de 250 p. . . . . 2 fr. 50

SZAFKOWSKI (L. R.). Recherches sur les hallucinations au point de vue de la psychologie, de l'histoire et de la médecine légale. Paris, 1849. In-8 (5). . . . . 2 fr.

TUEFFERD (D^r). **De la contagion.** 1864. In-8 de 110 p.   1 fr. 25

UHLE et WAGNER, professeurs à l'Université de Leipzig. **Nouveaux éléments de pathologie générale**, traduits de l'allemand sur la 4e édition, par les docteurs Mahaux et Delstanche. Paris, 1872. 1 vol. gr. in-8 de 650 pages. . . . . 9 fr.

VACHER (L.). Étude médicale et statistique sur la mortalité à Paris, à Londres, à Vienne et à New-York en 1865, d'après les documents officiels, avec une carte météorologique et mortuaire. Paris, 1866. 1 vol. in-8. . . . . 6 fr.

VACHER (L.). Des maladies populaires et de la mortalité à Paris, à Londres, à Vienne, à Bruxelles, à Berlin, à Rockaden et à Turin, en 1866, avec une étude médico-hygiénique sur les consommations dans ces villes. 2ᵉ année. Paris, 1867. In-8. . . . . 3 fr.

—— **Carte présentant l'état météorologique et la mortalité à Paris en 1865.** 1 gr. feuille jésus.. . . . . 2 fr.

Cette carte donne le tracé graphique et jour par jour de toutes les circonstances météorologiques et de la mortalité, ainsi que la mortalité relative pour chacun des 20 arrondissements, des détails sur la mortalité à Paris à différentes époques, etc.

—— **Statistique du choléra de 1865 à 1867 en Europe.** In-8 de 14 pages. . . . . 1 fr. 50.

VERRIER (E.). Manuel pratique de l'art des accouchements, précédé d'une préface par Pajot, professeur à la Faculté de médecine de Paris. Paris, 1867. 1 vol. in-18 de 700 p. avec 87 gr. dans le texte. 6 fr.

Ce manuel est le *vade-mecum* de l'étudiant et du praticien ; il a pour parrain un des hommes les plus populaires de la Faculté de Paris, le professeur Pajot, qui en a écrit la préface.

WEST (Charles), membre du Collége royal des médecins, examinateur d'accouchements à l'Université de Londres, médecin de l'hôpital des enfants, et premier accoucheur des hôpitaux de Saint-Barthélemy et de Middlesex. **Leçons sur les maladies des femmes,** traduit de l'anglais sur la 3ᵉ édition et considérablement annoté par Mauriac, médecin de l'hôpital du Midi. Paris, 1870. 1 fort vol. in-8 cartonné de 800 pages. 14 fr.

WUNDERLICH. De la température du corps dans les maladies. Traduit de l'allemand sur la 2ᵉ *édition*, par Labadie Lagrave, interne lauréat des hôpitaux. Paris, 1872. 1 vol. gr. in-8 avec 41 figures dans le texte et 7 planches. . . . . 10 fr.

WUNDT. Professeur à l'université d'Heidelberg. **Nouveaux éléments de physiologie humaine,** traduits de l'allemand et augmentés de notes par le Dr Bouchard, professeur agrégé à la Faculté de médecine de Strasbourg. Paris, 1872. 1 vol. grand in-8 avec 150 figures dans le texte. . . . 14 fr.

CHIMIE — PHYSIQUE — MATHÉMATIQUES

BEER (A.). professeur à l'Université de Bonn. **Introduction à la haute optique.** Traduit de l'allemand par C. Forthomme, professeur de chimie à la Faculté des sciences de Nancy. Paris, 1858, 1 vol. in-8 de 575 pages avec 200 figures dans le texte et 1 tableau lithographié, représentant 25 figures. . . . . 12 fr.

BOLLEY (Al.), professeur de chimie industrielle, à l'École polytechnique de Zurich. **Manuel pratique d'essais et de recherches chimiques appliqués aux arts et à l'industrie.** Guide pour l'essai et la détermination de la valeur des substances naturelles ou artificielles employées dans les arts, l'industrie, etc., traduit de l'allemand sur la 3ᵉ édition, par le Dr L. Gautier. Paris, 1869. 1 vol. in-18, de 700 pages avec 98 figures dans le texte. . . . . 7 fr. 50

Ce livre intéresse toutes les personnes qui sont dans le cas d'avoir à faire des essais de matières premières ou de produits manufacturés. Trois éditions attestent éloquemment l'accueil dont il a été l'objet en Allemagne.

BOURGOIN (Edme), pharmacien en chef de l'hôpital du Midi. **De l'isomérie.** Paris, 1866. In-8 de 135 pages.. . . . . 2 fr. 50

DELESCHAMPS (Albert). Étude physique des sons de la parole. Paris, 1869. In-8 de 107 pages, avec 18 fig. dans le texte. 2 fr. 50

DESPLATS (V.) et GARIEL (C. M.), professeurs agrégés à la Faculté de médecine de Paris. **Nouveaux éléments de physique médicale**, précédé d'une préface, par M. Gavarret, professeur à la Faculté de médecine de Paris. Paris, 1870. 1 vol. petit in-8 cartonné avec 502 figures dans le texte. . . . . 10 fr.

La nécessité de l'introduction de la physique dans les études biologiques est, tous les jours, mieux et plus universellement comprise.

Un livre de physique, fortement empreint de ce caractère élémentaire qui n'exclut pas la rigueur de la démonstration, dans lequel se trouvent exposés, avec tous les développements convenables et avec les seules ressources des données expérimentales, les principes fondamentaux de la mécanique, en même temps que les principales lois de la chaleur, de l'électricité, de la lumière, de l'acoustique, des actions moléculaires, doit être désormais considéré comme un complément nécessaire des traités de physiologie, d'hygiène et même de pathologie. Toutes ces qualités se trouvent réunies dans les *Nouveaux éléments de physique médicale* publiés par MM. Gariel et Desplats; nous ne saurions trop recommander cet ouvrage à l'attention des élèves des Facultés de médecine. Professeurs agrégés de la Faculté de médecine de Paris, préparés par des études approfondies des rapports des sciences physiques et des sciences biologiques, aussi par une longue pratique de l'enseignement, MM. Gariel et Desplats ont prouvé qu'ils possédaient les connaissances et les aptitudes nécessaires pour mener à bonne fin une œuvre dont, mieux que personne, ils comprenaient toutes les difficultés.   J. Gavarret.

FORTHOMME (C.), professeur à la Faculté des sciences de Nancy. **Traité élémentaire de physique expérimentale et appliquée.** Paris, 1860-1861. 2 vol. in-18, avec 16 planches contenant 970 figures . . . . 7 fr.

FRESENIUS (Remigius), professeur de chimie à l'université de Wiesbaden. **Traité d'analyse chimique qualitative,** des opérations chimiques, des réactifs et de leur action sur les corps les plus répandus, essais au chalumeau, analyse des eaux potables, des eaux minérales, du sol, des engrais, etc. Recherches chimico-légales, analyse spectrale, traduit de l'allemand sur la 13ᵉ édition, par Forthomme, professeur de physique et de chimie à la Faculté des sciences de Nancy. Paris, 1871. 1 volume grand in-18 avec fig. dans le texte, et un spectre solaire colorié. . 6 fr.

Je regarde ce précieux ouvrage comme très-utile pour l'enseignement dans les diverses Facultés, pour les médecins et les pharmaciens. Je recommande ce livre à tous, étudiants et chimistes, même à ceux qui possèdent déjà des traités plus complets d'analyses. J. Liebig.

—— **Traité d'analyse quantitative.** Traité du dosage et de la séparation des corps simples et composés les plus usités en pharmacie, dans les arts et en agriculture, analyse par les liqueurs titrées, analyse des eaux minérales, des cendres végétales, des sols, des engrais, des minerais métalliques, des fontes, dosage des sucres, alcalimétrie, chlorométrie, etc., traduit sur la 5ᵉ édition allemande, par M. Forthomme, agrégé, docteur ès sciences, professeur de physique et de chimie au lycée de Nancy. Paris, 1867. 1 vol. grand in-18 de 1,000 p. avec 190 fig. dans le texte. 12 fr.

GARIEL (C.-M.), professeur agrégé et préparateur de physique à la Faculté de médecine de Paris. **Des phénomènes physiques de l'audition.** Paris, 1869. In-8 de 109 pages. . . . . 2 fr. 50

GAUTIER (A.), professeur agrégé à la Faculté de médecine de Paris, etc. **Étude sur les fermentations proprement dites et les fermentations physiologiques et pathologiques.** Paris, 1869. In-8 de 123 pages. . . . . 3 fr.

—— **Nouveaux éléments de chimie médicale et d'hygiène.** Paris, 1872. 1 vol. petit in-8 avec fig. dans le texte . . . . . . 10 fr.

GIRARDON (D.), professeur à l'École de la Martinière. **Cours élémentaire de perspective linéaire,** à l'usage des écoles des beaux-arts, de dessin, des artistes, architectes, etc. Paris, 1872. 1 vol. in-8, avec un atlas de 28 pl. gravées. . . . . 6 fr

GLÉNARD (A.). Note sur la fermentation tartrique du vin. Lyon, 1862. Gr. in-8 de 22 p. 75 c.

GLÉNARD et **GUILLIERMOND. Quinimétrie** ou nouvelle méthode de dosage de la quinine dans les quinquinas. Gr. in-8 de 17 p. . 75 c.

GRIMAUX (Édouard), professeur agrégé à la Faculté de médecine de Paris. **Équivalents, atomes, molécules.** Paris, 1866. In-8. 3 fr.

—— **Du haschich** ou chanvre indien. Paris, 1866. In-8. . . . 1 fr. 50

HARDY, préparateur à la Faculté de médecine de Paris. **Principes de chimie biologique.** Paris, 1871. 1 vol. in-18 de 600 pages. . 7 fr.

LADREY, professeur à l'École de médecine et de pharmacie de Dijon. **Étude sur le phosphore.** Paris, 1868. 1 vol in-8 de 102 pages. 2 fr.
Cette étude comprend l'histoire complète du phosphore au point de vue de sa préparation, de ses propriétés chimiques et physiques, des applications physiologiques, industrielles et agricoles.

—— **Chimie et histoire naturelle appliquée à la viticulture et à l'œnologie.** 2e édition, revue et considérablement augmentée. · Paris, 1872. 1 fort vol. in-18 avec carte, planch. et fig. dans le texte. 7 fr.

LE ROUX, professeur de géométrie à l'École du Conservatoire des arts et métiers. **Cours de géométrie élémentaire** (Géométrie plane et Géométrie dans l'espace). Paris, 1864. 1 v. in-18 de 500 pages avec 500 gr. dans le texte. . . . . 6 fr.
Séparément le tome II, comprenant la Géométrie dans l'espace. . . . 2 fr.

MOHR (F.). Traité d'analyse chimique à l'aide de liqueurs titrées, traduit de l'allemand par. C. Forthomme, professeur de chimie à la Faculté des sciences de Nancy. Ouvrage à l'usage des chimistes, des médecins, des pharmaciens, des fabricants de produits chimiques, des métallurgistes, des agronomes, etc., etc. Paris, 1857. 1 vol. grand in-8 avec 104 gravures dans le texte. . . . . 7 fr. 50

MORIN (Ed.). Lois générales de la chaleur rayonnante. Paris. 1863. In-8 de 81 pages. . . . . 1 fr. 50

NAQUET (A.), professeur agrégé à la Faculté de médecine de Paris. **Principes de chimie** fondée sur les théories modernes. 2e édition, revue et considérablement augmentée. Paris, 1867. 2 vol. in-18, de 1,100 p. avec fig. dans le texte. 10 fr.
Une première édition épuisée en dix-huit mois, des traductions en anglais, en allemand témoignent de l'opportunité du livre de M. Naquet et de la faveur avec laquelle il a été accueilli.

—— **Cours de chimie pratique,** d'après les théories modernes, à l'usage des médecins, pharmaciens, étudiants en médecine et en pharmacie, chimistes, par W. Odling. Traduit de l'anglais sur la 3e édition, par A. Naquet. Paris, 1869. 1 vol. in-18 avec 71 figures dans le texte. 4 fr. 50
Depuis plusieurs années déjà, les étudiants sont exercés aux manipulations chimiques, et ces manipulations paraissent même devoir prendre une extension considérable. En présence de ce fait nouveau dans l'enseignement, nous avons pensé qu'un livre renfermant tout ce que les étudiants ont besoin d'apprendre dans leurs manipulations et rien de plus; qu'un livre capable de servir de guide de laboratoire répondait à un besoin réel. Nous ne pouvions mieux faire que de traduire en français pour cet usage, le Cours de chimie pratique de M. Odling. L'auteur possède en effet une clarté, une méthode que l'on pourrait peut-être atteindre, mais que certainement on ne saurait dépasser.

—— **Des sucres.** Paris, 1863. 1 vol. in-8. . . . . 1 fr. 50

NEUBAUER (Dr), professeur de chimie et de pharmacie au laboratoire de chimie de Wiesbaden, et **VOGEL (Dr)**, directeur professeur de médecine à l'Institut pathologique de Halle. **De l'urine et des dépôts urinaires.** Propriétés et caractères chimiques et microscopiques des éléments normaux et anormaux de l'urine, analyse qualitative et quantitative de cette

sécrétion. Description et valeur séméiologique de ses altérations pathologiques, etc.; précédé d'une introduction par R. Fresenius, traduit de
l'allemand sur la 5e édition, par le docteur L.-A. Gautier. Paris, 1870.
1 vol. gr. in-8, avec 4 planches col. et 31 fig. dans le texte. . . . 10 fr.

SECCHI (R. P.), directeur de l'Observatoire de Rome, membre correspondant de l'Institut de France, etc. **L'unité des forces physiques.**
Essai de philosophie naturelle, traduit de l'italien sous les yeux de l'auteur, par le docteur Deleschamps. Paris, 1869. 1 fort vol. in-18 avec 5 figures
dans le texte. . . . . 9 fr.

Pour entreprendre une œuvre de cette portée et l'exécuter, il fallait joindre à une
connaissance peu commune de tous les détails des sciences naturelles une rare
hauteur de vues et une éminente faculté de généralisation. Or il est impossible de
ne pas reconnaître que l'auteur de *l'Unité des forces physiques* réunit ces deux conditions à un degré tout à fait exceptionnel. Le livre du P. Secchi est une étude du
plus haut intérêt, qui ne peut manquer de faire faire à la science un pas immense
vers son but définitif.

**TOURNIER (Émile). Nouveau Manuel de chimie simplifiée
pratique et expérimentale** sans laboratoire, manipulations, préparations, analyses contenant : 1° des ustensiles, appareils et procédés d'opérations les plus faciles ; 2° principes de la chimie, préparation, étude et
usage des corps minéraux et organiques avec les noms anciens et nouveaux.
expériences, procédés, recettes d'économie domestique et industrielle, etc.;
5° précis d'analyse, essais, recherche des falsifications. Paris, 1867. 1 vol.
in-18 avec 500 figures dans le texte. . . . . 2 fr. 50

WALKOFF (L.), fabricant de sucre à Kiew. **Traité complet de fabrication et raffinage du sucre de betteraves**, à l'usage des fabri-
cants de sucre. directeurs de sucreries, contre-maîtres mécaniciens,
ingénieurs, constructeurs d'appareils pour sucrerie, cultivateurs, chimistes,
etc. 4e édition originale, traduction française, publiée par les soins de
M. Mérijot. ancien élève de l'Ecole polytechnique, ingénieur des manufactures
de l'Etat. Paris, 1870. 2 v. in-8. avec 200 grav. dans le texte . . 30 fr.

WAGNER. Nouveau Traité de chimie industrielle à l'usage des
ingénieurs, chimistes, industriels, contre-maîtres, ouvriers, agriculteurs,
etc., traduit de l'allemand sur la 8e édition, par le Dr L. Gautier. Paris,
1872. 2 vol. gr. in-8 avec 350 gravures dans le texte. . . . . . 18 fr.

Cet ouvrage, qui a en Allemagne un très-grand succès, doit la faveur dont il
jouit à la position scientifique de l'auteur et en outre à ce que, désintéressé de
toute participation spéculatrice à des entreprises industrielles, il ne craint pas
d'instruire le lecteur des procédés perfectionnés et récents qui appartiennent
à des industries nouvelles.

GÉOLOGIE — MINÉRALOGIE — PALÉONTOLOGIE

**ARCHIAC (D'). Introduction à l'étude de la paléontologie stra-
tigraphique.** Cours de paléontologie, professé au Muséum d'histoire naturelle. Paris, 1862-1864. 2 vol. in-8 de 500 p., avec figures dans le texte
et cartes coloriées. . . . . 16 fr.

Le 1er volume renferme l'*Histoire de la paléontologie stratigraphique.*

Le tome II traite des *Connaissances générales qui doivent précéder l'étude de la
paléontologie stratigraphique et des phénomènes organiques de l'époque actuelle qui
s'y rattachent.* —Origine des êtres; De l'espèce; M. Darwin; Iles et récifs de polypiers;
Preuves de l'existence de l'homme; Restes d'industrie humaine; Habitations lacus-
tres; Ouvrages en terre de l'Amérique du Nord; Fossilisation . . . . . . 8 fr. 50

Les matières traitées par M. d'Archiac n'ont donc été publiées jusqu'à ce jour dans
aucun ouvrage de paléontologie. Cet ouvrage peut donc être considéré comme le
complément de tous les traités de paléontologie; il se rattache en outre par la méthode à l'*Histoire des progrès de la géologie*, du même auteur.

ARCHIAC (G') Histoire des progrès de la géologie de 1834 à 1860, publiée par la Société géologique de France, sous les auspices de M. le ministre de l'instruction publique. Paris, 1847-1860. 8 vol. grand in-8, en 9 parties.

Tome I.	Cosmogonie et Géogénie. — Physique du globe. — Géographie physique. — Terrain moderne.	» »
Tome II.	*Première partie.* — Terrain quaternaire ou diluvien.. .	12 50
Tome II.	*Deuxième partie.* — Terrain tertiaire.	12 50
Tome III.	Formation nummulitique. — Roches ignées ou pyrogènes des époques quaternaire et tertiaire.	8 »
Tome IV.	Formation crétacée, *première partie*, avec pl.	8 »
Tome V.	Formation crétacée, *deuxième partie.*	8 »
Tome VI.	Formation jurassique, *première partie*, avec pl.	8 »
Tome VII.	Formation jurassique, *deuxième partie*, avec pl.. . . .	6 »
Tome VIII.	Formation triasique.	6 »

—— **Géologie et paléontologie.** Ire partie. Histoire comparée. IIe partie. Science moderne. Paris, 1867. 1 fort vol. in-8. . . . 10 fr.

—— **et Jules HAIME. Description des animaux fossiles du groupe nummulitique de l'Inde**, précédée d'un résumé géologique et d'une monographie des nummulites. Paris, 1853-1854. 2 vol. in-4 avec 36 planches de fossiles. . . . . 60 fr.
Le tome II se vend séparément.. . . . . 30 fr.

L'ouvrage de MM. d'Archiac et Jules Haime forme le complément nécessaire du tome III de l'*Histoire des progrès de la géologie.*
Le tome I comprend la Monographie des Nummulites avec la description des Polypiers et des Echinodermes de l'Inde.
Le tome II, les Mollusques Bryozoaires, Acéphales, Gastéropodes, Céphalopodes, Annélides et Crustacés.

BAYLE, professeur de minéralogie et de géologie à l'École des ponts et chaussées. **Cours de minéralogie et de géologie.** Paris, 1869. 2 fascicules in-4, avec 400 gravures dans le texte.. . . . . 12 fr. 50

BROSSARD (E.). Essai sur la constitution physique et géologique des régions méridionales de la subdivision de Sétif (Algérie). Paris, 1866. 1 v. in-4 avec coupe et carte géol. col. 11 fr.

BURMEISTER, directeur du musée de Buenos-Ayres, etc. **Histoire de la création**, traduit de l'allemand par B. MAUPAS, revue par GIEBEL. Paris, 1870. 1 vol. gr. in-8, avec gravures dans le texte.. . . . . 10 fr.

L'*Histoire de la création* de Burmeister est placée en Allemagne au même rang que le *Cosmos* de Humboldt. Huit éditions n'ont pas épuisé le succès de ce livre original, qui embrasse les questions les plus importantes et les plus attrayantes du monde physique. Une exposition magistrale et des explications libres de tout préjugé sont à la hauteur de ces problèmes difficiles qui embrassent la physique du globe, la météorologie, la géologie, paléontologie, anthropologie, zoologie, botanique. Deux célèbres savants se sont réunis pour traiter dans ce livre le domaine entier des sciences. De nombreuses gravures aident à l'intelligence du texte. Cet ouvrage n'est point seulement un livre traitant de questions générales, comme son titre pourrait le donner à penser, mais il renferme nombre de faits, disait un savant professeur de la Faculté des sciences, que l'on ne pourrait trouver nulle part ailleurs.

CARTES GÉOLOGIQUES DE TOUS LES DÉPARTEMENTS français, d'Angleterre, de Belgique, d'Allemagne, de Suisse, de l'Espagne, d'Italie.

COLLOMB (Édouard), membre de la Société géologique de France. **Carte géologique des environs de Paris,** d'après les travaux de MM. Cuvier et Brongniart, Omalius d'Halloy, Dufrénoy et Elie de Beaumont, d'Archiac, Raulin, de Sénarmont, Delesse, Deshayes, Desnoyers, Goubert, Hébert, Lambert, Lartet, Meugy, d'Orbigny, Michelot, Triger, Verneuil. Paris, 1866. 1 feuille imprimée en couleur au $\frac{1}{320000}$. . . 10 fr.
La même, sur toile, dans un étui. . . . . 12 fr. 50

DELESSE, professeur à l'École des mines. **Carte géologique du département de la Seine**, publiée d'après les ordres de M. le préfet de la Seine. Paris, 1866. 4 feuilles imprimées en chromolithographie, avec légende explicative.. . . . .   20 fr.

La carte géologique du département de la Seine résume tous les résultats donnés par les travaux souterrains: elle permet d'indiquer à l'avance la nature et même la cote des différents terrains qui seraient rencontrés en un point quelconque. Elle sera donc fort utile, non-seulement aux personnes qui s'occupent de géologie, mais encore aux ingénieurs, aux architectes, aux constructeurs et à tous ceux qui ont besoin de connaître le sous-sol parisien.

—— **Procédé mécanique pour déterminer la composition des roches**. 2ᵉ édition. Paris, 1862. Brochure in-8.. . . . .   1 fr. 25

—— **Recherches sur l'origine des roches**. 2ᵉ édition. Paris, 1865. In-8 de 80 pages. . . . .   2 fr. 50

—— **Études sur le métamorphisme des roches**. Paris, 1869. In-8 de 100 pages. . . . .   2 fr. 50

DOLLFUS-AUSSET. Matériaux pour l'étude des glaciers. Paris, 1863-1872. 13 vol. grand in-8 et atlas in-folio. . . . . .   300 fr.

    T. Iᵉʳ — Iʳᵉ partie. — Auteurs qui ont traité des hautes régions des Alpes et des glaciers, et sur quelques questions qui s'y rattachent. . . . .   20 fr.
    T. Iᵉʳ. — IIᵉ partie. — Auteurs, etc., etc. . . . .   20 fr.
    T. Iᵉʳ. — IIIᵉ partie. — Auteurs, etc., etc. . . . .   20 fr.
    T. Iᵉʳ. — IVᵉ partie. — Auteurs, etc., etc.
    T. II. — Hautes régions des Alpes ; Géologie; Météorologie; Physique du globe. . . . .   20 fr.
    T. III. — Phénomènes erratiques. . . . .   20 fr.
    T. IV. — Ascensions. . . . .   20 fr.
    T. V. — Glaciers en activité. — Iʳᵉ partie. . . . .   20 fr.
    T. VI. — Glaciers en activité. — IIᵉ partie. . . . .   20 fr.
    T. VII. — Tableaux météorologiques. . . . .   20 fr.
    T. VIII. — Observations météorologiques et glaciaires à la station Dollfus-Ausset, au col du Saint-Théodule (3,350 m. alt.), du 1ᵉʳ août 1865 au 1ᵉʳ août 1866. . . . .   20 fr.
    T. VIII. — IIᵉ partie. — Observations, etc., etc. . . . .   20 fr.
    T. VIII. — IIIᵉ partie. — Observations, etc., etc. . . . .   20 fr.
    — Atlas de 40 planches. (Sous presse.). . . . .   40 fr.

DOLLFUS (Aug.), Protogea Gallica. La Faune kimméridienne du cap de la Hève. Paris, 1863. 1 vol. in-4, avec 18 pl. sur papier de Chine.   20 fr

—— Et de **MONT-SERRAT (E.)**. Voyage géologique dans les républiques de Guatemala et de Salvador. (Missions scientifiques au Mexique et dans l'Amérique centrale.) Paris, Imprimerie nationale, 1868. 1 vol. grand in-4 avec 18 pl. teintées et carte géolog. imprimée en couleur (50). .   55 fr.

D'ORBIGNY (CH.). Tableau chronologique des divers terrains, ou systèmes de couches connues de l'écorce terrestre, présentant, d'une manière synoptique les principaux êtres organisés qui ont vécu aux diverses époques géologiques, et indiquant l'âge relatif aux différents systèmes de montagnes, établis par M. Elie de Beaumont. 1 feuille jésus coloriée. . . . .   2 fr.

—— Le même collé sur toile, vernissé et monté sur gorge et rouleau (propre à l'enseignement). . . . .   5 fr.

—— **Coupe figurative de la structure de l'écorce terrestre** avec indication et figures des principaux fossiles caractéristiques des divers étages. 1 feuille grand-aigle, avec 182 figures de fossiles dessinées par Léger et coloriées. . . . .   6 fr.

—— Le même collé sur toile, vernissé et monté sur gorge et rouleau (propre à l'enseignement). . . . .   12 fr.

D'ORBIGNY (CH.). Description des roches composant l'écorce terrestre et des terrains cristallins constituant le sol primitif, avec indication des diverses applications des roches aux arts et à l'industrie; ouvrage rédigé d'après la classification, les manuscrits inédits et les leçons publiques de feu M. Cordier. Paris, 1868. 1 fort vol. in-8.   10 fr.

DUFRÉNOY et ÉLIE DE BEAUMONT. Carte géologique de la France, publiée par ordre du ministre des travaux publics. 6 feuilles grand-aigle coloriées, sur toile et pliées. In-4. . . . .   167 fr. 50

—— **Explication de la carte géologique de la France.** *En vente,* les tomes I et II. . . . .   33 fr. 75
Le tome 1ᵉʳ contient la Carte réduite en une feuille.

—— **Carte géologique de la France,** imprimée en couleur (réduction de la grande carte en 6 feuilles). 1 feuille avec le réseau pentagonal.   5 fr.

— La même, collée sur toile.   7 fr.

DUMORTIER (Eug.), membre de la Société géologique de France. **Etudes paléontologiques sur les dépôts jurassiques du bassin du Rhône.** 1ʳᵉ partie, Infralias. Paris, 1864. 1 vol. gr. in-8º. avec 30 pl. de fossiles. . . . .   20 fr.

—— IIᵉ partie, Lias inférieur. Paris, 1867. 1 vol. gr. in-8 avec 50 pl. de fossiles. . . . .   30 fr.

—— IIIᵉ partie, Lias moyen. Paris, 1869. 1 vol gr. in-8 avec 45 pl. .   30 fr.

—— **Sur quelques gisements de l'oxfordien inférieur de l'Ardèche.** Paris, 1871. In-8 de 84 p. avec 6 pl. . . . .   4 fr. 50

FROMENTEL (E. de), membre de la Société géologique de France. **Introduction à l'étude des polypiers fossiles,** comprenant leur histoire, leur anatomie, leur mode de production et de reproduction, leurs habitudes extérieures, leur classification d'après la méthode dichotomique, la description des ordres, des familles, des genres et la description de toutes les espèces connues. Paris, 1858-61. 1 vol. in-8. .   5 fr.
Pour les autres publications de M. E. de Fromentel, voy. nos Catal. d'Hist. nat.

GAUDRY (Albert). Animaux fossiles et géologie de l'Attique, d'après les recherches faites en 1855-56 et en 1860 sous les auspices de l'Académie des sciences. Paris, 1862-68. 1 fort vol. in-4 de texte avec 5 planches de fossiles, cartes et coupes géologiques coloriées. .   150 fr.

—— **Considérations générales sur les animaux fossiles de Pikermi.** Paris, 1861. 1 vol. in-8 . . . .   2 fr.

—— **Des lumières que la géologie** peut jeter sur quelques points de l'histoire ancienne des Athéniens. Paris, 1867. In-8 de 32 pages.   1 fr. 50

—— **Cours annexe de paléontologie** à la Faculté des sciences de Paris. Leçon d'ouverture. Paris, 1688. In-8 de 20 pages. . . . . .   1 fr.

—— **Description géologique de l'île de Chypre.** Paris, 1862. 1 vol. in-4, avec carte géologique coloriée et 75 fig. dans le texte.   15 fr.

GRAS (Scipion), ingénieur en chef des mines. **Traité élémentaire de géologie agronomique.** Paris, 1870. 1 vol. in-8 de 600 p. .   9 fr.

—— **Description géologique du département de Vaucluse** Paris, 1862. 1 vol. in-8, avec coupes géologiques coloriées. . . . .   8 fr.

—— **Carte géologique du département de Vaucluse.** 1 feuille. coloriée. . . . .   7 fr.
Pour les autres publications de M. S. Gras, voy. nos Catalogues d'Histoire nat.

HÉBERT (Paul). Théorie chimique de la formation des silex et des meulières. Paris, 1864. In-8 de 16 p. . . . .   1 fr.

LAMBERT. Nouveaux éléments d'histoire naturelle, à l'usage des lycées, des candidats au baccalauréat ès sciences, etc. 3 vol. in-18 avec 440 gr. dans le texte.. . . . . 7 fr. 50

—— **Géologie.** 2e édition. Paris, 1867. 1 v. in-18 de 240 p. avec 142 grav. dans le texte.

—— **Botanique.** 2e édition, Paris, 1870. 1 vol. in-18 avec 209 gravures dans le texte.

—— **Zoologie.** 2e édition. Paris, 1872. 1 vol. in-18 avec 100 gravures dans le texte. Chaque volume se vend séparément. . . 2 fr. 50

Ces *Nouveaux Éléments d'histoire naturelle* ont été rédigés dans le but d'offrir aux jeunes gens un cours clair et méthodique, pouvant leur servir de préparation immédiate aux examens du baccalauréat ès sciences et aux écoles du gouvernement. Plus de six cents figures enrichissent ces trois volumes, qui sont imprimés sur beau papier; c'est assez dire que nous n'avons rien négligé pour que l'exécution matérielle soit irréprochable. Nous avons fait précéder chacun des trois volumes de l'histoire.abrégée de la science qu'il traite. N'est-il pas naturel, en effet, en étudiant une science, de chercher à connaître son origine, ses progrès ou le développement de l'esprit humain? Nous pensons que l'on nous saura gré de cette innovation.

LENNIER (G.). Études géologiques et paléontologiques sur l'embouchure de la Seine et les falaises de la haute Normandie. 1870. 1 vol. in-4 de 250 pages avec 12 pl. . . . . 25 fr.

LORIOL (P. DE) et PELLAT (E.). Monographie paléontologique et géologique de l'étage portlandien des environs de Boulogne-sur-Mer. 1 vol. in-4, avec 10 pl. de fossiles. . 20 fr.

—— **et COTTEAU (G.). Monographie paléontologique et géologique de l'étage portlandien du département de l'Yonne.** Paris, 1868. 1 vol. in-4 avec 15 pl. de fossiles.. . . . . 22 fr. 50

LUYNES (Duc de). Notice sur des fouilles exécutées à la chapelle Saint-Michel de Vallonne, près Hyères (Var). Paris, 1865. In-4 de 12 p. et 6 pl. . . . . 4 fr. 50

MARTIN (Jules), Paléontologie stratigraphique de l'infra-lias de la Côte-d'Or. Paris, 1860. 1 volume in-4 avec 8 planches.. 8 fr.

MEUGY (A.) Leçons élémentaire de géologie appliquée à l'agriculture. 2e édition, revue et augmentée. Paris, 1871. 1 vol. in-8 de 376 p. . . . . 5 fr.

MICHELIN (Hardouin). Monographie des clypéastres fossiles. Paris, 1861. 1 vol. in-4 avec 28 planches.. . . . . 13 fr.

OMALIUS D'HALLOY. Abrégé de géologie. 8e édition. Paris, 1868. 1 vol. in-8 avec figures dans le texte . . . . 10 fr.

—— **Des races humaines,** ou Éléments d'ethnographie. 5e édition, augmentée d'une Classification des connaissances humaines et d'une Notice sur l'espèce. Paris, 1869. 1 vol. in-8 de 151 pages avec planches col. 3 fr.

PICTET (F.-J.), professeur à l'Académie de Genève. **Matériaux pour la paléontologie suisse.** Genève, 1854-1869, 1re série, 4 parties publiées en 11 livraisons, avec 64 planches lithographiées, in-4 relié en toile. . . . . 95 fr.

2e série, 2 parties publiées en 12 livraisons formant 2 vol. in-4, avec 55 planches, 4 coupes géologiques et atlas de 7 planches in-fol. 125 fr.

3e série, 2 parties publiées en 16 livraisons.. . . . . 130 fr.

4e série, 2 parties publiées en 11 livraisons. . . . . 97 »

5e série, publiée en 8 livraisons. 67 50

—— **Mélanges paléontologiques.** Genève, 1867-1869. 4 livraisons in-4, avec 44 pl.. 58 fr. 50

RAMES (S.-B.). Étude sur les volcans. Paris, 1866. 1 volume in-32. . . . . 1 fr. 25

RAMES (S.-B.) La création d'après la géologie et la philosophie naturelle. Paris, 1869-1871. 1 vol. in-18 de 360 pages.　6 fr.

ROLLAND DU ROQUAN. Description des coquilles fossiles de la famille des rudistes, qui se trouvent dans le terrain crétacé de Corbières (Aude). Carcassonne, 1841. Avec 8 pl. (9 fr.). . . . . 3 fr.

ROZET. De la pluie en Europe. Paris, 1855. In-8 de 150 p.　1 fr. 50

SAPORTA (Comte G. de). Prodrome d'une flore fossile des travertins anciens de Sézanne. Paris, 1868. 1 vol. in-4 avec 15 planches. . . . . 17 fr.

SELLE (De), Professeur à l'École centrale des arts et manufactures. **Cours de minéralogie et de géologie.** Paris, 1870. 1 vol. in-4 de 600 p. autographiées avec 500 gravures dans le texte. . . . . 15 fr.

TERQUEM et PIETTE. Le lias inférieur de l'est de la France. Paris, 1865. In-4 de 176 p. avec 18 pl. de fossiles. . . . . 15 fr.

VERNEUIL (E. de) ET COLLOMB (E). Membres de la Société géologique de France. **Carte géologique de l'Espagne et du Portugal,** d'après leurs propres observations faites de 1844 à 1862, celles de M. C. de Prado, Botella, Schulz, A. Maestre, Aranzazu, Bauza, J. de Vilanova, E. Fauchez, F. de Lujan, de Lorière, Dufrénoy et Élie de Beaumont, Le Play, Jacquet, Vezian pour l'Espagne, et celles de MM. C. Ribeiro et Sharpe pour le Portugal. 2e édit. Paris, 1869. 1 f^lle col. avec un texte explicatif. In-8. 15 fr.

VÉZIAN (Alexandre), professeur à la Faculté des sciences de Besançon. **Prodrome de géologie.** Paris, 1863-1866. 3 vol. in-8, publiés en 10 livr. Ouvrage complet. 25 fr.

 Constitution physique du globe au point de vue géologique. — Origine, du mode d'accroissement et de la structure générale de l'écorce terrestre. — Phénomènes géologiques qui ont leur siége à la surface des continents et sur le sol émergé. — Des phénomènes géologiques qui s'accomplissent au sein des eaux et sur le sol immergé. — Phénomènes géologiques dont le siége est dans l'intérieur de l'écorce terrestre. — Phénomènes dont le siége est dans l'intérieur de l'écorce terrestre, action geysérienne, métamorphisme. — Actions dynamiques qui s'exercent sur l'écorce terrestre; stratigraphie générale. — Stratigraphie systématique; systèmes de montagnes. — Structure intérieure et configuration générale de l'écorce terrestre. — Intervention de l'organisme dans les phénomènes géologiques. — Révolutions de la surface du globe. — Classification et description des terrains de la série paléozoïque. — Classification et description des terrains de la série mésozoïque. — Classification et description des terrains de la série néozoïque.

 Pour les autres publications de M. Vézian, voy. nos Catalogues d'Histoire naturelle.

WOODWARD, ancien aide paléontologiste au British Museum. **Manuel de conchyliologie ou histoire naturelle des mollusques vivants et fossiles,** augmenté d'un appendice, par Ralph Tate, traduit de l'anglais sur la 2e édition, par Aloïs Humbert. 1 vol. petit in-8 cartonné en toile anglaise, non rogné, de 670 pages avec 25 planches contenant 579 figures et 297 gravures dans le texte. . . . . 14 fr.

 Il n'existait jusqu'à présent, en France, pour ceux qui se livrent à l'étude des mollusques, que des compilations sans aucune valeur scientifique. Il manquait un livre offrant les garanties que peuvent seules donner des études spéciales.

 Le *Manuel de conchyliologie* de Woodward était considéré par tous les malacologistes comme un petit chef-d'œuvre en son genre. MM. les professeurs Deshayes, Gervais, Gratiolet, etc., le recommandaient à tous ceux de leurs élèves qui lisaient l'anglais.

 Nous avons pensé bien faire en offrant au public une édition française de cet excellent ouvrage.

BOTANIQUE

ANSBERQUE (Edme), vétérinaire au train des équipages militaires. **Flore fourragère de la France,** reproduite par la méthode de compression dite phytoxygraphique. Lyon, 1866. 1 v. in-f. avec 270 pl. 40 fr.

BAILLON (H.), professeur de botanique à la Faculté de médecine de Paris. **Botanique cryptogamique**. (Voy. Payer.)

—— **Programme du Cours d'histoire naturelle médicale**, professé à la Faculté de médecine de Paris. IIe partie, **Botanique médicale**. Paris, 1869. 1 vol. in-18 de 56 pages. . . . . 1 fr. 25

—— IIIe partie. **Étude spéciale des plantes employées en médecine**. Paris, 1870. 1 vol. in-18. . . . . 1 fr. 25

DUCHARTRE (P.). Revue botanique, recueil mensuel renfermant l'analyse des travaux publiés en France et à l'étranger sur la botanique. Paris, 1845-1847. 2 vol. in-8 (25). . . . . 8 fr.

DULAC (Abbé J.). Flore du département des Hautes-Pyrénées. Paris, 1867. 1 vol. in-18 avec gravures dans le texte, . . 10 fr.

DUMÉRIL (Aug.). Sur quelques points de la physiologie des végétaux. Des odeurs, de leur nature et de leur action physiologique. Paris, 1843. In-8 de 40 p.. 1 fr.

DUPUY. Mémoires d'un botaniste, accompagnés de la Florule des stations du chemins de fer du Midi dans le Gers. Paris, 1868. 1 volume in-18, avec figures dans le texte. . . . . 3 fr. 50

FÉE, professeur à la Faculté de médecine de Strasbourg. **Flore de Théocrite et des autres bucoliques grecs**. Paris, 1832. In-8. 2 fr.

GRENIER et GODRON, doyen des Facultés des sciences de Besançon et de Nancy. **Flore de France**, ou description des plantes qui croissent naturellement en France. Paris, 1848-1856. 3 vol. in-8 de 800 p. . 30 fr.

Une nouvelle Flore de France, disposée d'après la méthode naturelle, plus complète que les précédentes et mise au niveau des découvertes de la science moderne, était un besoin vivement senti. MM. Grenier et Godron, dont les travaux antérieurs sont une suffisante recommandation, ont entrepris de remplir cette tâche laborieuse. Profitant amplement des travaux des botanistes allemands, italiens et français, aidés des conseils bienveillants d'hommes qui font autorité dans la science, entourés de matériaux considérables amassés depuis longues années et qui se sont accrus de tous ceux qui ont été mis généreusement à leur disposition, ils espèrent pouvoir offrir au public un livre utile, fruit de leurs travaux persévérants et consciencieux.

GRENIER, doyen de la Faculté des sciences de Besançon. **Flore jurassique**. Paris, 1865. 2 vol. in-8 de 1,000 pages. . . . . 11 fr.

GROGNOT. Plantes cryptogames cellulaires du département de Saône-et-Loire, avec des tableaux synoptiques pour les ordres. les familles, etc. Autun, 1864. In-8 de 300 p. (6). . . . . 2 fr.

JORDAN (Alexis). Diagnoses d'espèces nouvelles et méconnues pour servir de matériaux à une Flore réformée de la France et des contrées voisines. Tome I, Ire partie. Paris, 1864. Gr. in-8 de 356 p. 9 fr. 50

—— **et FOURREAU (Julio). Breviarium plantarum novarum** sive specierum in horti plerumque cultura recognitarum descriptio contracta, ulterius amplianda. Fasciculus 1. Parisiis, 1866. In-8 de 60 p. 3 fr
Fasciculus II. Parisiis, 1868. In-8 de 137 p. . . . . 8 fr

—— **Icones ad floram Europæ**, novo fundamento instaurandam, spectantes.

Cet ouvrage se publie en 5 volumes de chacun 40 fascicules in-folio de 5 pl. gravées et coloriées avec soin et texte. Il comprendra environ 1,000 pl. Depuis le mois de novembre 1866, il paraît deux fascicules par mois. Prix de chacun. . 9 fr.
En vente les fascicules 1 à 40 formant le tome Ier. Prix. . . . . 360 fr.
En vente les fascicules 41 à 56 (tome II). . . . . 144 fr.
Ouvrage honoré de souscriptions du Ministère de l'instruction publique.

KLEINHANS (R.). Iconographie des mousses. Paris, 1871. 1 vol. in-folio .cartonné en toile, avec 50 planches lithographiées représentant 270 figures et un texte explicatif.. . . . . 25 fr.

> Personne n'a jamais révoqué en doute la grande importance des iconographies pour faciliter l'étude des sciences naturelles. De tout temps on a senti la nécessité d'éclairer les descriptions par le secours des planches qui semblent mettre les échantillons même sous les yeux, et qui aident si puissamment à la détermination des plantes. Il nous a semblé qu'une iconographie où les caractères distinctifs des mousses seraient figurés avec une précision remarquab e, ne dépassant pas les limites d'un prix raisonnable, serait accueillie avec faveur par les botanistes, et en particulier par ceux qui s'occupent de l'étude si attrayante des mousses.
>
> Il n'existait, en effet, avant la publication du livre que nous annonçons, que des iconographies d'un prix inabordable pour la plupart des amateurs.

LAGASCA (M.). Genera et species plantarum, quæ aut novæ sunt, aut nondum recte cognoscuntur. Matriti, 1816. In-4 de 35 p. et 2 pl.. . 1 fr.

NOUVEAUX ÉLÉMENTS D'HISTOIRE NATURELLE, à l'usage des lycées, des candidats au baccalauréat ès sciences, etc., par M. E. Lambert. 3 vol. in-18 avec 440 gravures dans le texte. . . . . 7 fr. 50

—— **Géologie.** 2ᵉ édition. Paris, 1867. 1 vol. in-18 de 240 pages, avec 242 gravures dans le texte.

—— **Botanique.** 2ᵉ édit. Paris, 1870. 1 vol. in-18 avec 202 gravures dans le texte.

—— **Zoologie.** 2ᵉ édit. Paris, 1872. 1 vol. in-8 avec 100 grav dans le texte. Chaque volume se vend séparément. . . . . 2 fr. 50

> Nous avons fait précéder chacun des trois volumes de l'histoire abrégée de la science qu'il traite. N'est-il pas naturel, en effet, en étudiant une science, de chercher à connaître son origine, ses progrès ou le développement de l'esprit humain? Nous pensons que l'on nous saura gré de cette innovation.
>
> Plus de quatre cents figures enrichissent ces trois volumes, imprimés sur beau papier; nous n'avons rien négligé pour que l'exécution matérielle soit irréprochable.

PAYER (J.-B.), membre de l'Institut. **Botanique cryptogamique,** ou histoire naturelle des familles de plantes inférieures. 2ᵉ édition, revue et augmentée de notes par Baillon, professeur de botanique à la Faculté de médec. de Paris. Paris, 1868. 1 v. gr. in-8, avec 1110 fig. dans le texte. 15 fr.

> Avant la publication du livre que nous annonçons, on était fort embarrassé pour commencer l'étude de la cryptogamie. On trouvait bien quelques mémoires sur les algues, les champignons, les mousses, les lichens, etc.; mais comment supposer qu'un élève puisse lire avec fruit ces différents travaux, les apprécier, en extraire ce qu'il lui est utile de savoir et laisser le reste de côté, en un mot n'attacher à chaque chose que son importance réelle dans l'ensemble des découvertes de la science? comment ne pas craindre qu'il ne s'égare au milieu de ces détails dans lesquels se complaît parfois l'auteur d'un mémoire spécial, et que, découragé dès l'abord, il n'abandonne pour toujours l'étude d'une science cependant si attrayante? Non, il faut un guide à tout homme qui entre dans une voie nouvelle; il lui faut un ouvrage qui recueille toutes ces richesses scientifiques disséminées dans tous ces mémoires et les coordonne de façon à faire ressortir tout ce qui est saillant : tel est le but que l'auteur de la *Botanique cryptogamique* s'était proposé. Disons tout de suite qu'il l'a complétement atteint. Le suffrage du public lui a répondu, et son livre est devenu classique. Épuisé au bout de quelques années, il était devenu fort rare et se vendait très-cher dans les ventes publiques.
>
> M. Baillon, professeur de botanique à la Faculté de médecine de Paris, a bien voulu se charger de répondre au vœu du public, en publiant une nouvelle édition augmentée de notes, et mise au courant des progrès de la science. Plus de onze cents figures, intercalées dans le texte, en facilitent l'intelligence.

RICHARD (Achille) et MARTINS (Charles). Nouveaux Éléments de botanique contenant l'organographie, l'anatomie et la physiologie végétales, les caractères de toutes les familles naturelles, par Achille Richard, 10ᵉ édit., augmentée de notes additionnelles par Charles Martins, professeur de botanique à la Faculté de médecine de Montpellier, directeur du Jardin des plantes de la même ville, correspondant de l'Institut de France et de l'Académie de médecine de Paris; et pour la partie cryptogamique, par J. de SEYNES, professeur agrégé à la Faculté de médecine de Paris. Paris, 1870. 1 vol. petit in-8 avec 500 fig. dans le texte. . . 6 fr.

Peu d'ouvrages classiques ont eu la fortune des *Éléments de botanique* de Richard, mais la fortune en ce cas n'a pas été aveugle; et la faveur dont jouit ce livre dans les générations d'étudiants qui se succèdent depuis trente ans se justifie par l'ingéniosité de sa méthode, la lucidité de son exposition et l'attrait de son style. Aucun écrivain n'a exposé la botanique avec cette simplicité qui caractérisait son enseignement oral.

Le lecteur s'assurera en parcourant ce livre de l'importance des additions dont le professeur Martins a enrichi cette édition nouvelle. Il s'est évidemment proposé de remplacer Richard, et ce but, il l'a complétement atteint. Parmi les articles additionnels, nous indiquerons les méats intercellulaires, les vaisseaux du latex, la structure du bois, la respiration végétale, la formation de l'embryon, la parthénogénèse, la fécondation entre espèces différentes et la géographie botanique. En ce qui concerne les familles, le professeur Martins, laissant intacte cette partie de l'ouvrage de Richard, s'est contenté d'y ajouter la liste des familles rangées, suivant la méthode de de Candolle. Il justifie cette addition par l'extrême facilité que cette classification offre aux commençants. La partie cryptogamique a été complétement remaniée.

Cette dernière édition, avec les compléments dont l'ont enrichie les professeurs Martins et de Seynes est le tableau extrêmement fidèle de l'état de la science botanique.

SCHACHT (H). Le microscope et son application spéciale à l'étude de l'anatomie végétale, traduit de l'allemand sur la troisième édition, par Dalimler. Paris, 1865. 1 vol. in-8 avec 110 fig. dans le texte et 2 pl. - 8 fr.

SERINGE (N.-C.). Description, culture et taille des Mûriers, leurs espèces et leurs variétés. Paris, 1853. 1 vol. in-8 et atlas in-4 de 26 pl. . . . . 8 fr

VAN TIEGHEM (Th.), maître de conférence de botanique à l'école normale. **Recherches sur la structure du pistil et sur l'anatomie comparée de la fleur.** Paris, 1871. 2 vol. in-4 avec 16 planches doubles gravées. . . . . 20 fr.

Ouvrage qui a obtenu le grand prix Bordin, décerné en 1868 par l'Institut de France.

WAGNER (H.). Phanerogamen Herbarium. Bielefield, 1858. Petit in-folio, de 8 livraisons, contenues dans un carton en toile anglaise renfermant 200 échantillons collés et étiquetés avec soin. . . . . 20 fr.

Liv. I, Ranunculaceen, Cruciferen. — II, Cruciferen, Lineen. — III, Lineen Papilionaceen. — IV. Papilionaceen-Grossulariceen. — V. Saxifrageen Stellaten. — VI. Rubiaceen-Oleineen. — VII. Asclepiadeen-Primulaceen. — VIII. Oleraceæ Liliaceæ.

—— **Cryptogamen herbarium.** Bielefield, 1860. In-8 de 9 liv. contenus dans un carton en toile anglaise renfermant 200 échantillons collés et étiquetés avec soin. 12 fr.

Liv. I à III. Laubmoose. — Liv. IV et V. Lebermoose. — Liv. VI et VII. Flechten. — Liv. VIII. Algen. — Liv. Pilze und Gefass-Cryptogamen.

—— **Gras Herbarium.** Bielefield. Petit in-folio de 8 livraisons contenues dans un carton en toile anglaise renfermant 200 échantillons collés et étiquetés avec soin. . . . . 20 fr.

Liv. I à III, Juncaceen. — IV, V. — Cyperaceen. — VI, VIII, Graminecæ.

—— **Herbarium medicinalis.** Bielefield, 1861. Petit in-folio de 4 livraisons contenues dans un carton en toile anglaise formant 100 échantillons collés et étiquetés avec soin. . . . . 10 fr.

WALPERS (G. G.). Repertorium botanices systematicæ. Lipsiæ, 1842-1848. 6 vol. in-8. . . . . 140 fr.

—— **Annales botanices systematicæ,** Synopsis plantarum phanerogamicarum novarum omnium (continuation de Walpers par Karl Müller). Lipsiæ, 1848-1871. 7 vol. in-8. . . . . 208 fr.

ZOOLOGIE

BAILLON (H.). Programme du cours d'histoire naturelle médicale, professé à la Faculté de médecine de Paris. Ire partie. **Zoologie médicale.** Paris, 1868. 1 vol. in-18 de 72 pages.. . . 1 fr. 25

CHAPUIS (F.). Le pigeon voyageur belge. Verviers, 1865. 1 vol. in-18 . . . . 2 fr.

—— **De son instinct d'orientation** et des moyens de le perfectionner Verviers, 1868. In-8 de 42 p. . . . . 1 fr.

COMTE (Achille). Introduction à toutes les zoologies. Paris, 1835. In-4 avec 150 fig. dans le texte. (2 fr. 50). . . . . 75 c.

DUPUY (D.). Histoire des mollusques terrestres et d'eau douce qui vivent en France. Paris, 1848-1851. 6 fascicules in-4° avec 36 pl. 60 fr.

GROGNOT. Mollusques testacés fluviaux et terrestres du département de Saône-et-Loire, etc. Autun, 1863. In-8 de 22 p. et tableaux (1.50). . . . . 75 c.

LEFÈVRE. De la chasse et de la préparation des papillons. Paris, 1863. In-8 avec pl. . . . . 1 fr. 25

LEMAIRE. De la chasse et de la préparation des oiseaux. Paris, 1863. In-8 avec pl. . . . . 1 fr. 25

LUCAS (H.), aide-naturaliste au Muséum d'histoire naturelle. **Histoire naturelle des lépidoptères d'Europe**, suivie des instructions sur la chasse, la préparation, la conservation des papillons, et sur la manière de choisir et d'élever les chenilles. 2e édition revue et mise au courant de la science. Paris, 1864. 1 beau vol. grand in-8, cartonné en toile anglaise, non rogné, avec 80 planches coloriées représentant plus de 400 sujets. 25 fr.

— Le même ouvrage, demi-rel. chagrin, non rogné.. . . . . . . 30 fr.

Dans cette 2e édition, la classification ayant été mise au courant de la science, nous avons changé la lettre et les légendes de toutes les planches pour les mettre en harmonie avec le texte réimprimé et augmenté.

—— **Histoire naturelle des lépidoptères exotiques.** Paris, 1864. 1 beau vol. gr. in-8, cartonné en toile anglaise, non rogné, avec 80 pl. coloriées, représentant près de 400 sujets. . . . . 25 fr.

—— Le même ouvrage, demi-rel. chagrin, non rogné. . . . . . . 30 fr.

Voy. Prévost (Florent).

MARCHAND (Léon), professeur agrégé à l'École de pharmacie. **De la reproduction des animaux infusoires.** Étude médico-zoologique. Paris, 1869. In-8 de 90 p. et 2 pl. . . . . 5 fr.

MULSANT (E.), Histoire naturelle des coléoptères de France.
— **Térédiles.** Paris, 1864. 1 vol. in-8 avec 10 pl. . . . . 14 »
— **Vésiculifères.** Paris, 1867. 1 vol. in-8 avec 7 pl. . . . 11 »
— **Scuticolles.** Paris, 1867. 1 vol. in-8 avec 2 pl. . . . . 6 »

NOUVEAUX ÉLÉMENTS D'HISTOIRE NATURELLE, à l'usage des lycées, des candidats au baccalauréat ès sciences, etc., par M. E. Lambert. 3 vol. in-18 avec 440 gr. dans le texte. . . . . 7 fr. 50

—— **Géologie.** 2e édition. Paris, 1867. 1 v. in-18 de 240 p. avec 142 grav dans le texte.

—— **Botanique.** 2e édit. Paris, 1870. 1 v. in-18 avec 202 grav. dans le texte.

—— **Zoologie.** 2e édit. Paris, 1872. 1 vol. in-8 avec 100 grav. dans le texte. Chaque volume se vend séparément. . . . . 2 fr 50

Ces *Nouveaux Éléments d'histoire naturelle* ont été rédigés dans le but d'offrir aux jeunes gens un cours clair et méthodique, pouvant leur servir de préparation immédiate aux examens du baccalauréat ès sciences et aux écoles du gouvernement.

Plus de six cents figures enrichissent ces trois volumes, qui sont imprimés sur beau papier; c'est assez dire que nous n'avons rien négligé pour que l'exécution matérielle soit irréprochable.

Nous avons fait précéder chacun des trois volumes de l'histoire abrégée de la science qu'il traite. N'est-il pas naturel, en effet, en étudiant une science, de chercher à connaître son origine, ses progrès ou le développement de l'esprit humain? Nous pensons que l'on nous saura gré de cette innovation.

PRÉVOST (Florent), aide-naturaliste de zoologie au Muséum d'histoire naturelle, et **C. LEMAIRE**, docteur en médecine. **Histoire naturelle des oiseaux d'Europe**. Paris, 1864. 1 beau vol. gr. in-8, cartonné en toile anglaise, non rogné, avec 80 planches gravées en taille-douce et coloriées avec soin. représentant 200 sujets . . . . 25 fr.

—— Le même ouvrage, demi-reliure chagrin, non rogné. . . . . . 30 fr

—— **Histoire naturelle des oiseaux exotiques**. Paris, 1864. 1 beau vol. gr. in-8, cartonné en toile anglaise, avec 80 pl. gr. en taille-douce et col. avec soin, représentant 200 sujets. . . . . 25 fr

—— Le même ouvrage, demi-reliure chagrin, non rogné. . . . . . 30 fr

Il n'est rien de plus attrayant, pour les personnes qui ont le goût de l'histoire naturelle, que l'étude des oiseaux et des papillons. Les quatre volumes que nous annonçons (H. Lucas, Florent Prévost et Lemaire) se recommandent aux gens du monde par la netteté des descriptions et la clarté du classement des espèces. Les noms des auteurs sont en outre une garantie de leur valeur scientifique. Le coloris des planches, gravées en taille-douce avec le plus grand soin, a été exécuté d'après les aquarelles des voyageurs et des artistes les plus distingués.

Un traité pour l'empaillage et la chasse des oiseaux, ainsi que pour la préparation et la conservation des papillons et des insectes, accompagne chaque traité.

Voy. Lucas.

PRÉVOST (F.). Des animaux d'appartements et de jardins : oiseaux, poissons, chiens, chats. 1 vol. in-32 de 192 pages, avec 46 gr. dans le texte. . . . . 1 fr. »

Le même ouvrage, figures coloriées. . . . . 2 fr. 50

La Société protectrice des animaux a décerné à ce volume une mention honorable.

PETIT DE LA SAUSSAYE. Catalogue des mollusques testacés des mers d'Europe. Paris, 1869. 1 vol. grand in-8. . . . 7 fr. 50

SAPPEY (Ch.-C.), professeur d'anatomie à la Faculté de médecine de Paris. **Recherches sur l'appareil respiratoire des oiseaux**. Paris, 1847. 1 vol. in-4 de 100 pages avec 4 planches. (9). . . . 1 fr. 50

SICHEL. Études hyménoptérologiques. 1ᵉʳ fascicule, avec 2 pl. coloriées. . . . . , . . 5 fr.

— **et SAUSSURE (H. de). Catalogus specierum generis scolia** (sensu latiori), continens specierum diagnoses, descriptiones synonymiamque, etc. Paris, 1864, 1 vol. in 8, avec 2 planches coloriées. . 8 fr.

—— **Considérations pratiques** sur la fixation des limites entre l'espèce et la variété. Bone, 1868, in-i de 25 p. . . . . 1 fr. 50

WOODWARD, ancien aide paléontologiste au British Museum. **Manuel de conchyliologie ou histoire naturelle des mollusques vivants et fossiles,** augmenté d'un appendice, par Ralph Tate, traduit de l'anglais sur la 2ᵉ édition, par Aloïs Humbert. Paris. 1870. 1 vol. petit in-8 cartonné en toile anglaise, non rogné, de 670 pages, avec 25 planches contenant 579 figures et 297 gravures dans le texte. . . . . . . 14 fr.

Il n'existait jusqu'à présent, en France, pour ceux qui se livrent à l'étude des mollusques, que des compilations sans aucune valeur scientifique. Il manquait un livre offrant les garanties que peuvent seules donner des études spéciales.

Le *Manuel de conchyliologie* de Woodward était considéré par tous les malacologistes comme un petit chef-d'œuvre en son genre. MM. les professeurs Deshayes, Gervais, Gratiolet, etc., le recommandaient à tous ceux de leurs élèves qui lisaient l'anglais.

Nous avons pensé bien faire en offrant au public une édition française de cet excellent ouvrage.

AGRICULTURE — HORTICULTURE — ÉCONOMIE RURALE
ART VÉTÉRINAIRE

ACTES du congrès de vignerons et de pomologistes. 1 vol. in-8 de 500 p. . . . . 2 fr.

BERNARD (M.). Guide des vendeurs et des acheteurs d'animaux domestiques. 3e édition. In-18. . . . . 1 fr.

BRUNO (E.-J.). Manuel d'agriculture, par demandes et par réponses, à l'usage des écoles primaires et des propriétaires ruraux. 3e édition. Paris, 1844. In-32 de 108 pages. 40 c.

CHARREL (J.). Traité des magnaneries. Paris, 1848. 1 vol. in-8 avec 9 pl. noires et coloriées. . . . . 5 fr.

CLÉMENT. Manuel forestier. 1 vol. in-18. . . . . 30 c.

COURTOIS-GÉRARD. De la culture des fleurs dans les petits jardins, sur les fenêtres et dans les appartements. 5e édition. 1 vol. in-32 de 192 pages, avec 15 gravures. . . . . 1 fr.

La Société centrale d'horticulture a décerné une médaille à cet ouvrage.

—— **De la culture maraîchère** dans les petits jardins, publié sous le patronage de la Société impériale et centrale d'horticulture. 5e édition. 1 vol in-32 de 192 p., avec 15 grav. . . . . 1 fr.

La Société impériale et centrale d'horticulture a décerné une médaille de vermeil à cet ouvrage, et il a été honoré d'une souscription du ministre de l'agriculture.

DUPUITS DE MACONEX. Guide du propriétaire de vignes. Paris, 1850. In-8 de 140 p. . . . . 1 fr. 50

GROGNIER. Cours de zoologie vétérinaire. In-8. . . . . . 3 fr.

INSTRUMENTS D'AGRICULTURE (Les) à l'Exposition universelle de Londres. 1 vol. in-18. . . . . 55 c.

KOLTZ (J.-P.-J.), agent des eaux et forêts. **Traitement du chêne** en taillis à écorces. 1859. 1 vol. in-18, avec 30 gravures. . . . . . 75 c.

LADREY, professeur à la Faculté des sciences de Dijon. **Art de faire le vin.** 3e édition. Paris, 1871. 1 vol. in-18. . . . . 3 fr. 50

SOMMAIRE DES CHAPITRES DE LA TABLE DES MATIÈRES

I. Considération générale sur la fermentation.— II. Fermentation alcoolique.— III. Fermentation du moût de raisin. — IV. Etude des substances produites pendant la fermentation. — V. Préparation du vin, division et classification des opérations. — VI. Vendange, récolte et triage du raisin. — VII. Foulage et égrappage. — VIII. Disposition des cuves pendant la fermentation. — IX. Implification du matériel des cuviers. — X. Hygiène des cuveries.— XI. Etat actuel de la chimie du vin. — XII. Durée du curage. Foulage, , décuvage, pressurage. — XIII. Mise en tonneau, remplissage. — XIV. Soutirage. — XV. Collage.— XVI. Soufrage. — XVII. Mise en bouteilles. — XVIII. Manière de servir le vin. — XIX. Vinification. — XX. Modifications apportées à la marche de la vinification dans certaines conditions particulières. — XXI. Maladies des vins. — XXII. Amélioration des vins.

—— **Chimie appliquée à la viticulture, à l'œnologie et à l'histoire naturelle.** 2e édition très-augmentée. Paris, 1872. 1 fort vol. in-18 avec carte, planches et fig. dans le texte. . . . . 7 fr.

—— **La Cave.** Almanach œnologique. 1re année 1871.-In-32 de 160 p.   75 c.

LAFOSSE, professeur de pathologie à l'École vétérinaire de Toulouse. **Traité de pathologie vétérinaire.** Paris, 1858-68. 2e édition. 3 vol. in-8 en quatre parties. 32 fr.

LAUJOULET, professeur d'arboriculture. **Taille et culture des arbres fruitiers.** Paris, 1865. 1 vol. in-18 avec pl.. . . . . 4 fr.
Ce livre a été accueilli avec la plus grande faveur par les principaux organes de la presse parisienne. (*Moniteur universel*, avril 1865.—*Presse*,—*Patrie*,—*Journal de la ferme*, etc.)

LAUJOULET, professeur d'arboriculture. **Taille et culture de la vigne.** Conduite perfectionnée du vignoble et de la treille, à l'usage des écoles normales primaires, des écoles communales, des instituteurs, propriétaires et vignerons. Paris, 1866. 1 vol. in-18 avec figures dans le texte.. . . . . 2 fr. 50

MACHARD (H.). Traité pratique sur les vins. 5ᵉ édition. 1 vol. in-18 de 544 pages.. . . . . 2 fr. 50

MARÈS (H.), membre correspondant de l'Institut. **Manuel pour le soufrage des vignes malades.** Emploi du soufre, ses effets. 3ᵉ édition, avec figures, augmentée d'un chapitre sur les soufres. Montpellier, 1857. In-18.. . . . . 1 fr.

ODEPH (A.). Traité complet de la culture de l'opium indigène, précédé de la possibilité pratique de l'obtenir en France, suivi de la fabrication de l'huile d'œillette. 1865. In-18. . . . . 2 fr.

PEERS (Baron E.). De la culture perfectionnée du froment, traduit de l'anglais sur la 14ᵉ édition. 1856. 1 vol. in-18. . . . . 40 c.

RAREY (J.). Traité sur l'art de dompter, dresser les chevaux et les taureaux vicieux et méchants. Paris, 1859. In-18 avec nombreuses gravures.. . . . . 5 fr.

REY (A.), professeur de jurisprudence, de clinique et de maréchalerie à l'École impériale vétérinaire de Lyon. **Traité de jurisprudence vétérinaire**, contenant la législation sur les vices rédhibitoires et la garantie dans les ventes d'animaux domestiques, suivi d'un **Traité de médecine légale** sur les blessures et les accidents qui peuvent survenir en chemin de fer. Paris, 1865. 1 vol. in-8 de 600 p. . . . . 7 fr. 50

—— **Traité de maréchalerie vétérinaire**, comprenant l'étude de la ferrure du cheval et des autres animaux domestiques, sous le rapport des défauts d'aplomb, des défectuosités et des maladies du pied. 2ᵉ édition, augmentée. Paris, 1865. 1 vol. in-8, avec 174 fig. dans le texte.. . 9 fr.

SAINT-CYR, professeur à l'École vétérinaire de Lyon. **Recherches anatomiques, physiologiques et cliniques, sur la pleurésie du cheval.** Paris, 1860. 1 vol. in-12. . . . . 2 fr. 50

SCHNEYDER (J.). De la culture de la vigne et des arbres fruitiers chez les Romains, traduit de l'allemand par le docteur Manhane. Dijon, 1869. In-8 de 57 pages. . . . . 2 fr. 50

STENFORT (F.), ancien sous-directeur de l'École normale primaire de Rennes, ancien notaire. **Des conditions des baux ruraux.** Entretiens entre un propriétaire et son fermier sur la pratique de l'agriculture Lectures à l'usage des écoles primaires rurales et des écoles normales. Paris, 1869. 1 vol. in-18 avec 24 gravures dans le texte. . . . 1 fr. 25

TISSERANT (E.), professeur à l'École vétérinaire de Lyon. **Guide des propriétaires et des cultivateurs** dans le choix, l'entretien et la multiplication des vaches laitières. 2ᵉ édition. Paris, 1861. 1 vol. in-12. avec gravures.. . . . . 3 fr 50

VAN DEN BROEK (Victor). Catéchisme agricole. Notions très-élémentaires des sciences naturelles considérées dans leurs rapports avec l'agriculture; ouvrage spécialement destiné aux écoles rurales. 1855 1 vol. in-18.. . . . . 75 c.

ARTS INDUSTRIELS — LITTÉRATURE SCIENTIFIQUE

BERNARD (C.). Tables pour le tracé des courbes de tous les rayons. Nantua, 1850. In-18 de 24 p. et tableau. . . . . 75 c.

BONNET. Influence des lettres et des sciences sur l'éducation. Lyon, 1855. In-8 de 52 p. . . . . 1 fr.

—— **De l'oisiveté de la jeunesse dans les classes riches.** Lyon, 1858. In-8 de 48 pages. . . . . 1 fr.

DOLLFUS-AUSSET, manufacturier à Mulhouse, ancien préparateur de M. Chevreul. **Matériaux pour la coloration des étoffes.** Paris, 1865. 2 vol. grand in-8. . . . . 20 fr.

DUMOUTIER (N.) L'art de travailler les pierres précieuses, à l'usage de l'horlogerie et de l'optique. Paris, 1843. In-8 de 54 p. 2 fr.

GANTILLON (C.-E.). Traité complet sur la fabrication des étoffes de soie. Paris, 1859. 1 vol. in-4 (10). . . . . 6 fr.

GIRARD (Jules). La Chambre noire et le Microscope. Photomicrographie pratique. 2e édition. Paris, 1870. 1 vol. in-18 de 228 pages avec 80 figures dans le texte. . . . . 3 fr. 50

—— **La photographie appliquée aux études géographique.** Paris, 1871. In-18 de 90 p. avec fig. dans le texte. . . . . . . 1 fr. 50

GRELLOIS, médecin principal de 1re classe, etc. **Météorologie religieuse et mystique.** 1 vol. in-8. . . . . 5 fr.

HUBERT (Dr). Esprit et matière. Réponse à M. le docteur Büchner. Paris, 1871. 1 vol. in-8 de 260 p. . . . . 5 fr.

LA PORTE (Dr de). Hygiène de la Table. Paris, 1870. 1 vol. gr, in-8° de 528 pages. 6 fr.

LOUP (M.). Solution du problème de la locomotion aérienne. Paris, 1853. In-18 avec 21 figures. . . . . 1 fr. 50

PARVILLE (Henri de). Découvertes et inventions modernes. Poudre à tirer. — Pyrotechnie. — Machines à vapeur. — Bateaux à vapeur. — Chemins de fer. — Télégraphie électrique. Paris, 1866. 1 vol. in-18 avec 160 gravures dans le texte. . . . . 4 fr. 50

—— **Causeries scientifiques,** découvertes et inventions, progrès de la science et de l'industrie. Première année 1861. 1 vol. in-18 avec 22 gravures dans le texte. . . . . 3 fr. 50

Télégraphie transatlantique. — Les eaux de Paris. — Construction du nouvel Opéra. — Eclairage et ventilation des théâtres. — Moteur Lenoir. — Gaz Chandor. — Concile de juin 1861. — Fabrication industrielle de la glace. — Câble sous-marin de la Méditerranée. — Recherches de M. Fremy sur l'acier. — Puits artésien de Passy. — Canot inchavirable de M. Mouë. — Analyse spectrale. — Travaux de MM. Bunsen et Kirchhoff. — Construction du pont de Kehl. — Chauffage des wagons, etc., etc.

—— **Deuxième année,** 1862. 1 vol. in-18 avec 30 gravures et un spectre solaire colorié.

Ce volume ne se vend qu'avec la collection des six années des Causeries. 30 fr.

Structure de la terre. — Photographie microscopique. — Vaisseaux cuirassés. — La lune rousse. — Chemin de fer hydraulique glissant. — Nœud vital. — Exposition de Londres. — Analyse spectrale. — Le stéréoscope. — Dernières études de M. Fremy. — Les aciers français — Le mal de mer. — Tunnel des Alpes. — Vitesse de la lumière. — Les comètes de 1862. — Pierres précieuses artificielles, etc., etc.

—— **Troisième année**, 1863. 1 vol. in-18 jésus, avec 38 grav.   3 fr. 50

Alimentation publique. — Physique attrayante. — Les spectres. — Fantasmagorie. — L'homme fossile. — Transmission électrique des sons. — Les comètes de 1863. — Photo-sculpture. — Panté-légraphe Caselli. — Agrandissements photographiques. — Succédanés du coton. — L'aérothé-rapie. — Piqûres de mouche. — Direction des ballons. — Aéro-nef. — Ballons chemins de fer. — Nouveaux procédés de gravure Dulos. — Éclairage. — Les huiles de pétrole. — Production artificielle des perles fines. — Au bord de la mer. — Marées. — Mascaret. — Prédiction du temps, etc., etc.

—— **Quatrième année**, 1864. 1 vol. in-18 jésus avec 34 grav.   3 fr. 50

Science et poésie. — Histoire d'une goutte d'eau. — Transfusion du sang. — La dialyse à propos du procès La Pommerais. — Mouches à feu. — Chemin de fer laminoir. — Trains de plaisir aériens. — La vérité sur l'aviation et le plus lourd que l'air. — Association scientifique. — Bateau plongeur. — L'électricité chirurgien. — La grippe. — Lecture des nerfs. — Transformation de l'homme. — Machine à faire les cartes de visite. — Sommeil léthargique. — Inhalation de l'oxy-gène. — Serre-frein électrique Achard. — Virus vaccin. — Discussion sur les générations spon-tanées. — Enseignement libre. — Physiologie végétale. — Conférences de la Sorbonne. — Loco-motive électro-magnétique. — Montage hydraulique des matériaux de construction. — Les eaux de Marly et de Versailles, etc.

—— **Cinquième année**, 1865. 1 vol. in-18 jésus avec 22 grav.   3 fr. 50

Dans le soleil. — Les merveilles du monde végétal. — La lumière au magnésium. — Poissons Tyndall. — Le rhume de cerveau. — Nouvelle machine électrique de Holz. — — L'absinthe. — Le choléra en 1865. — Discussions académiques. — Bateaux. — Chars. — Chemins de fer du mont Cenis. — Le nitro-glycérine. — Poudre à canon explosive ou inexplosive à volonté. — Pluralité des mondes. — A travers l'espace. — Le gaz aux pommes. — Les mines d'or et d'argent de la Californie. — Conservation des vins. — Plongeur Rouquayrol. — Maladie des vers à soie. — Bouées électriques. — Photographies vitrifiées. — Les bains. — Assainissement de l'air. — Ovariotomie. — Hygiène, etc., etc.

—— **Sixième année**, 1866. 1 vol. in-18 jésus avec 47 grav.   3 fr. 50

Le câble transatlantique. — L'éruption de Santorin. — Les fusils à aiguille. — Les trichines. — Le palais de l'Exposition universelle. — Les étoiles périodiques. — Conférences sous le pa-tronage de l'Impératrice. — Tremblement de terre. — La gaieté en bouteilles. — Rupture des essieux de chemins de fer. — Pluie d'étoiles filantes. — Sur le ballast. — L'invasion des sau-terelles. — Un nouveau monde. — La pieuvre. — Curiosités de l'année. — Nivellement sans in-struments. — Plus d'aveugles. — Les nouveau-nés. — Antiseptique végétal. — Maladie des vers à soie. — Les phares électriques. — Nouvelles substances explosibles, etc., etc.

PASSOT (Ph.). Leçons d'un instituteur, pour disposer les enfants aux bons traitements envers les animaux. Paris, 1862. 1 vol. in-32 de 192 pages. . . . . 1 fr.

REULEAUX, directeur de l'Académie Industrielle de Berlin. **Le Con-structeur**. Formules, règles, calculs et tracés de machines. Traduit de l'allemand sur la 3ᵉ édition. Paris, 1872. 1 vol. in-8 de 700 pages avec 715 figures dans le texte, tableaux, etc. (*Sous presse*).

ROLLET (T.), ancien élève de l'école des mines. **Cours élémentaire et pratique du chauffage,** de l'entretien et de la conduite des chau-dières à vapeur, fixes, locomobiles, locomotives et de bateaux à vapeur. Paris, 1857. 1 vol. in-4 avec planches. . . . . 8 fr.

SERAINE (L.). Les Préceptes du mariage, suivis d'un essai sur l'idéal de l'amour, du mariage et de la famille. 4ᵉ édition. 1 volume in-32 de 192 pages. . . . . 1 fr.

Petit ouvrage plein de charme et de la plus haute moralité. Il devrait se trouver dans toutes les corbeilles de mariage.

THIRION (Ch.). Tablettes de l'inventeur et du breveté à l'u-sage de ceux qui veulent obtenir ou qui possèdent un brevet d'invention en France ou à l'étranger. Tableau synoptique et comparatif des législa-tion françaises et étrangères sur les brevets d'invention. Paris, 1865. Gr. in-8 de 121 p. et 5 tableaux. . . . . 3 fr. 50

WALKOFF (L.), fabricant de sucre à Kiew. **Traité complet de fabri-cation et raffinage du sucre de betteraves**, à l'usage des fabri-cants de sucre, directeurs de sucrerie, contre-maîtres, mécaniciens, ingé-nieurs, constructeurs d'appareils pour sucrerie, cultivateurs, chimistes, etc. 4ᵉ édition originale française, publiée sur la 3ᵉ édition allemande, par les soins de M. Mérijot, ancien élève de l'École polytechnique, ingénieur des manufactures de l'État. Paris 1870, 2 vol. in-8, avec 200 grav. dans le texte. . . . . 30 fr.

Le peu d'ouvrages publiés sur le sucre de betteraves en France remonte déjà à une date éloignée et, malgré des qualités réelles, n'est plus à la hauteur d'une industrie sans cesse en progrès. Quelques autres ouvrages, écrits à des points de vue spéciaux, ne fournissent au fabricant que des données insuffisantes sur les questions du travail journalier de l'usine.

Pour quiconque s'est occupé de l'industrie du sucre, le nom seul de l'auteur est un sûr garant de la valeur de son œuvre. L'ouvrage de M. Walkhoff est considéré, en Allemagne, comme le traité le plus complet et le plus autorisé publié sur la fabrication. Trois éditions ont été épuisées en quelques années, et bien que la dernière ne date que de deux ans, une nouvelle édition est devenue nécessaire.

PUBLICATIONS PÉRIODIQUES

ADANSONIA. Recueil périodique d'observations botaniques, rédigé par H. Baillon, professeur d'histoire naturelle à la Faculté de médecine de Paris, publié mensuellement par livraisons gr. in-8 avec planches gravées.

Prix de l'abonnement au tome X. . . . . 15 fr. »

Prix des IX volumes publiés. . . . . 135 fr. »

BULLETIN DE LA SOCIÉTÉ GÉOLOGIQUE DE FRANCE.
Première série, 14 volumes in-8, avec planches. — Deuxième série, 27 vol. in-8, avec planches. Les deux séries. (1250). . . . . 600 fr.

L'année 1871 correspond au tome XXVIII. Prix de l'abonnement. . 30 fr.

BULLETIN DE LA SOCIÉTÉ PHILOMATHIQUE DE PARIS.
Se publie par cahiers trimestriels in-8, depuis le mois de mai 1864.

Prix de l'abonnement. . . . . 5 fr.

Prix de la collection des 7 volumes publiés. . . . . 35 fr.

JOURNAL DE CONCHYLIOLOGIE, comprenant l'étude des mollusques vivants et fossiles, publié trimestriellement sous la direction de MM. Crosse et P. Fischer. Prix de l'abonnement pour la France. . . . . . . 16 fr.

Pour l'étranger. . . . . 18 fr.

Pour les pays d'outre-mer. . . . . 20 fr.

Prix de la collection, 19 vol. in-8, avec pl. noires et coloriées. 300 fr.

MÉMOIRES DE LA SOCIÉTÉ GÉOLOGIQUE DE FRANCE.
Première série. 5 volumes en 10 parties, in-4, avec planches. . . 100 fr.
Deuxième série. 9 volumes en 19 parties, in-4, avec planches. . . 222 fr.

PARIS. — IMP. SIMON RAÇON ET COMP., RUE D'ERFURTH, 1.

www.ingramcontent.com/pod-product-compliance
Lightning Source LLC
LaVergne TN
LVHW010358060726
842526LV00005B/1387